翻轉學

翻轉學

翻轉學

翻轉學

Max 洪銘賜 著

QUANTUM LEADERSHIP

量子領導

非權威影響力

不動用權威讓人自動靠攏，喚醒人才天賦，創造團隊奇蹟的祕密

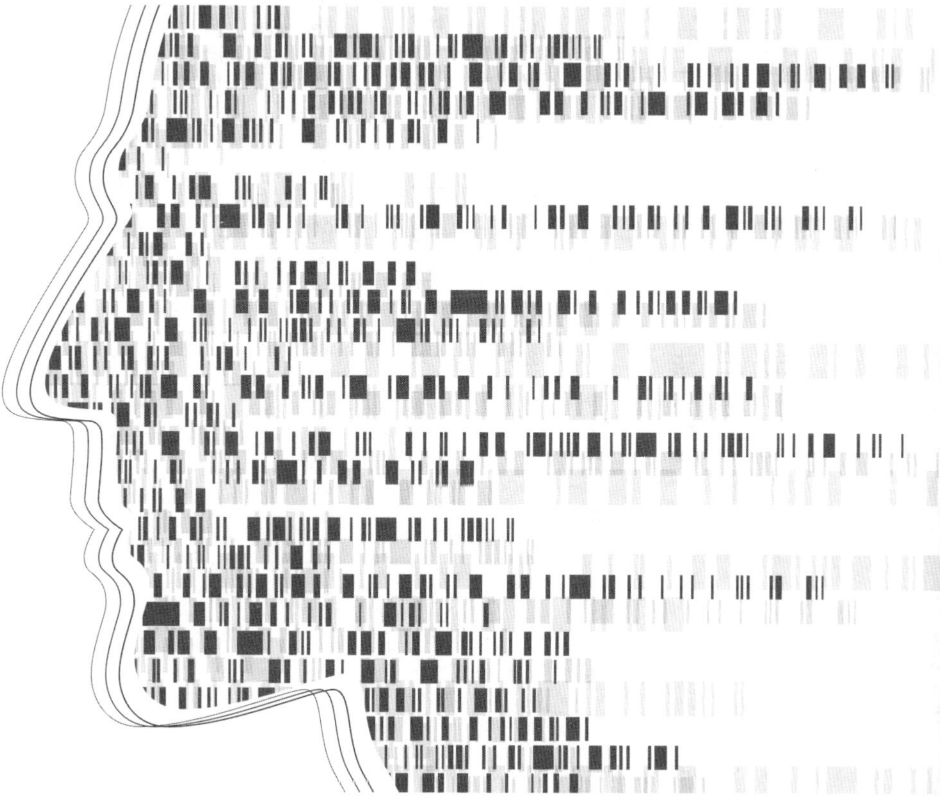

目錄

Part 2

21世紀非權威領導的量子領袖五力

第5章 超越傳統的溝通與行為模式

第6章 不讓當下情緒造成管理失誤的觀照力

第7章　化負能量為自由的空性力

第8章　讓你迅速從谷底翻身的調頻力

Part 3

量子領袖的成功典範

第11章　運用量子領導力的量子組織實例

終　章　領導自己成為量子領袖

好評推薦

「領導力的量子躍升！這本書教你運用量子觀以毫不費力的方式倍速實現影響力與組織力，迅速升維與調頻！」

——李欣頻，創意作家

「很多書談領導，偏重現象分析與技巧運用，本書卻教你透視核心：那就是萬物運作的關鍵，其實在肉眼看不見的能量，能量的高低是由心念與意識決定！學會覺察並調控心念意識，就能掌控外境與命運！一旦領悟，成就與幸福將倍增。」

——李梅，企業家／藝術家／公益實踐者

「身為教育行業的同行者，遇見同頻共振的朋友與事業都令人無比感恩。如果你想進階個人體系成長，瞭解世界深層力量的運作，那麼這本就是給你答案的好書。」

——劉曉琦，行動派社群創辦人

「拜讀完量子領導力創辦人 Max 洪銘賜的這本書，讓我在廣告創意產業的領導位子上，有了更深的領悟和覺察，也讓我在擔任企業品牌教練時，有一個全新的觀照，如何帶領自己和輔導的中小企業學員的品牌走向更美好的境地。

這個覺察讓我回想起李奧貝納廣告公司的創辦人曾經說過：『伸手摘星，即使徒勞無功，也不致一手汙泥。』可能聽起來有些天真，但卻是我一個熱情信念；也許這個世界真該多一點這樣的浪漫。這也正是我們在這個產業的意識能量，因為這樣的正向與共振的領導，讓李奧貝納能夠與這個追求自我實現的自由世代創意工作人能追求持續的卓越。

在書中，創辦人一而再提醒我們的一個核心觀念，領導的出發點來自於瞭解深層的自己，實際上只是我們心中意識的投影，投影源實際上在我們內心的意識。因此領導絕對是由內而外的，我們必須為自己負一〇〇%的責任。

最後，誠摯推薦給在探索領導力路上的每一個你，記得！這不是領導者專屬的，懂得量子領導的精神，常保高能量的意識，我們都可以更清楚地做自己的主人。」

——黃麗燕，李奧貝納集團執行長暨大中華區總裁

推薦序
王道量子領導力

——施振榮，宏碁集團創辦人、智榮基金會董事長

本書作者Max洪銘賜是Acer的老同事，當年他也是我在一九九二年推動「再造宏碁」——「全球品牌、結合地緣」這個策略的重要落實者，尤其在拉丁美洲市場的拓展他更是取得第一的戰功。

本書作者所提「非權威式的領導力」（量子領導），我這五十年來由於個性使然，我也一直都是奉行這個理念來服務大家，為的是可以做更多的事，進而為社會創造更大的價值。

在我當年就讀交通大學時，由於喜歡玩，加上我又是重考生，比其他同學年紀略長一、二歲，因此就帶頭玩，在校期間還創立許多社團諸如攝影社、棋橋社、桌球隊、排球隊等。

就現實面來說，大家都是同學，所以如果採取權威式的領導一定不可行，所以我當時就

是以服務的心態來服務大家，這也讓大家都玩在一起，凝聚許多向心力，之後我創業時許多都是交大的學弟一起參與。

在我研究所畢業後出社會工作，我只做了半年多的研展工程師，之後就破天荒一路帶領團隊把研展的項目做到商品化，之後更被調派帶領原本較不熟悉的生產線，要管理這群相對在生產管理方面很有經驗的資深同仁，更不能以權威式的管理，而且我當主管還經常向他們請教，因此我都是以服務為導向來帶領大家。

在我創業後，信奉人性本善，希望在宏碁這個舞台上讓所有同仁發揮潛能，採取分散式的管理模式，儘量授權，也因此每一個人才經驗得以快速累積，成就感也高，最後也帶動企業的快速成長，更訓練許多可以獨當一面的領袖人才持續貢獻社會。

我個人則是「享受大權旁落」，因為身為領導人，如果要做更多的事情，就一定要授權，否則如果事事都要自己來做，要嘛累死，不然就是能做的事情有限。

而領導宏碁同仁靠的不是權威，而是大家有共同的願景及使命感，透過不斷溝通，大家朝共同的目標努力邁進，大家在王道的共同理念下，在宏碁建立個可以共創價值且利益平衡的機制，一同共享成果並攜手打拚。

如今我也十分樂見來自宏碁集團的同仁，在PC與半導體業界都扮演重要的角色，這也證明非權威式的領導是可以訓練出更多人才的實際案例。

本書作者在書中提出許多創新的見解，他所提「質波共存」的量子理論與我在王道中所談的「隱顯並重」（指對於有形、直接、現在的顯性價值與無形、間接、未來的隱性價值都要予以重視），兩者有異曲同工的看法。

而作者在書中分析很多道理，並系統性地將對領導力的看法整理出來，值得在此推薦給各位讀者參考。

推薦序

本書喚醒每個人心中的領袖使命

——袁功勝，樸道水匯董事長

很榮幸，老師請我為這本書寫序，有點受寵若驚，我認為這是迄今為止把領導力講得最透澈的一本書，事實上它幾乎是告訴了我們什麼是生命的意義，只不過我猜測老師可能認為當下領導力是新時代我們最稀缺的能力，也可能是老師期望從領導力這個角度來喚醒每個人心中的領袖使命，宣導人間真正的成功事業，讓我們彼此影響彼此，去宣導人間的真愛。

在現在這個新時代為什麼領導力是稀缺的？

行動網路時代的到來，給我們和世界帶來了巨大的變化，微博、微信等社群網路和自媒體的大規模普及，讓我們對日常的資訊應接不暇，一個從未有過的碎片化時代來到了。不可否認，表面上，這是一種現代生活快節奏感的特點，但越是如此，我們越是需要有安靜的時間，越是需要在事情上保持自己的專注力，人們應對碎片化的能力是遠遠跟不上的，所以焦慮的人群比例大幅度攀升，如果不能理解到底是什麼原因，很多人都會迷失在碎片化裡面而不得安寧，碎片化時代讓我們很容易處在焦慮的狀態。

我們需要不停的在資訊之間切換，需要關注大量的新聞和朋友圈的動態，讓我們的心遷轉不停，來回切換，情緒跟隨著不同的場景而波瀾起伏、片刻不停。快節奏、海量資訊已經讓我們身心俱疲，加上壓力、熬夜，拖上疲憊困乏的身體，健康已然變成奢望，碰上挑戰和挫折，沮喪失落的心情讓我們無法從容，怎麼可能會有好的創意？如果你細心體會，你在什麼時候是自在的，什麼時候是愉悅的，你會發現當你沉下心來，沉浸在當下的時刻，那種心無旁騖的感覺，在氣定神閒的狀態，你是淡定的，你是快樂的，是無拘無束的，靈感也常常會在這種狀態下不經意地闖入你的大腦，被你捕捉，好的創意需要靈感，新時代專注力和敏銳的洞察力尤為寶貴，而這些都是領導力的組成部分。

成功還需要團隊的力量才能共同完成。社會分工越來越細，靠單打獨鬥的個人英雄時代已經過去了，現今，產業高度發達，市場日益細分，我們以為是藍海的一個概念轉瞬間發現已然是個紅海。靠一個點子或一個創意距離成功已經變得遙不可及，也絕不是按部就班、朝九晚五就能創造奇跡的，很多已經有人嘗試過的專案和產品被人重新定義反而變得大放異彩，令人生羨。成功企業，大型項目越來越是團隊凝聚力和創造力的體現，團隊才是一個企業的真正的核心競爭力。沒有掌握領導力，就不會打造出具有凝聚力的團隊，可是我們常常遇到的挑戰是我們發現自己帶不動隊伍了，你的話沒有權威了，還常常受到別人的挑戰，在團隊裡我們可能暗自相互較勁，帶領下屬發現他們根本不聽你的，自己看好的苗子或苦心培養的接班人後來發現會「背信棄義」，我們憑什麼能夠影響別人？

如 Max 老師所言，領導力，簡而言之就是影響一幫人實現自己理想的能力。這本書告訴我們，我們可以透過修練五個力量，觀照力、空性力、調頻力、包容力、洞察力來成就自己真正的領導力，這不僅會讓你控制住情緒，變得善於觀察，內心變得強大，讓你不再輕易受傷，更讓你的領導力躍上一個嶄新的台階，障礙我們的不是我們做不到，而是你相不相信，願不願意。

Max 老師的觀點告訴我們，人和人之間的區別實質上是能量層級之間的區別，人是有能量層級的，能量層級越高，他的包容力越強，影響他人的能力也越強，成就事業的能力也越高，我們常常掛在嘴邊的正能量應該就是能量層級在「勇氣二〇〇」以上的能量等級，老師借用大衛．霍金斯（David Hawkins）的理論，告訴了我們可以不斷提升自己能量層級的方法，藉由這個體系的訓練方法，你可以在短時間內獲得巨大的能量提升，這種能量的提升經由你的訓練你自己是完全可以體驗和感受到的，你完全可以成長為一個更好的你——一個你自己喜歡的、欣喜的你自己。

量子，是能量的最小單位，我擔心很多人看到書名會認為這是量子的噱頭，但其實，不光是因為人類在科學的道路上探索世界的真相所創造出這樣劃時代的理論——量子理論時代的到來，更因為量子是迄今為止我們人類能區別的介於物質和能量之間的最小能量單位，能讓我們作為人的視角應該更能測量和理解的東西。

如果你有壓力，想平衡好工作和生活，請打開這本書，你會發現原來他們是如此的一致，你可能會想不到還可能會讓你額外明白了自己人生的意義，讓你開始覺醒，或許以後，你更明白了什麼是信仰，弄不好你還知道了你的使命，請快快打開這本書吧，它讓你知道領導力的真正內涵，從此開始走上實踐自己使命的覺醒之路。

序言
不靠權威，也帶得動人的量子領導力

當量子力學遇上了領導力，會碰撞出什麼火花呢？量子力學不是物理學嗎？領導力是一門管理學中的藝術，這兩者有什麼關係？難道是網路時代大家都在玩跨界整合，所以我們也譁眾取寵地要玩一個跨界嗎？這你就誤解了！

在網路時代中談跨界，其實是傳統產業者從經驗上看的視角，帶著自古以來認為「隔行如隔山」的慣性思維，去看網路事業擴展的路徑時，不免覺得他們在跨界打劫。但是對於網路界的人來看，他們習慣從雲端高空上的視角，鳥瞰大數據，分析用戶的需求，心中只想著如何長期滿足客戶的需求，讓客戶關係能持續創造價值，他們心中根本沒有「行業邊界」的存在，所以不能說是跨界。

這本書的原由也是如此，我們從雲端高空上的視角看下來，我們關心高效領導力的課題，然後發現這個時代變了，世界變了，新時代的人不同了，人們的生活變了，內心的狀態變了，知識與思維也不同了，新的科學不只是量子物理學打開了人類的腦洞，大腦科學近幾十年來突飛猛進，顛覆了很多我們對於世界與生命觀點中隱藏性的假設。那麼傳統高效領導力的學說，原則與方法是否還是可以沿用？

現在的世界，每一年產生的資訊量，可以超過人類過去有史以來累計的資訊量。這麼龐大的資訊量，裡面的資訊有不同的生命週期，有些經典是兩千五百年來不變都有價值的，有些資訊，像焦點新聞，可能一天後就沒有價值了；有些理論是十年有效，過了一個十年的年代就失效了，有些可能數百年有效，一直可以被用來預測未來的趨勢；因此我們對於資訊的吸收要保持一種警覺，我們腦中知道的，尤其是相信的資訊是否還是有效，還是可能過時了，需要「更新、升級」了？

領導力探討的課題是領導人和其團隊與世界互動的課題，如果過去一百年世界累積的科學，對於人體，大腦的理解以及網路帶來的生活改變如此巨大，那麼我們是否還是相信領導力權威從傳統的三國演義、水滸傳、史記、論語裡，或是從西方近八十年來所發展出來的管理科學裡，所學到的關於領導力的原則是可以持續適用呢？

先別急著下結論，讓我們一層層地來探討，看看對於在二十一世紀初期的我們，真正適合的新時代領導力到底應該是什麼？

我將秉持著科學求真的態度，但不受限於科學發現的範疇局限，不受任何學派、學科邊界的局限；只是力求根據經驗、知識與智慧來整合物理學（因為這是一切物理世界的底層科學）、大腦科學、心靈能量學、管理科學、系統動態學，以及我個人企業領導與禪修學習的經驗，為大家找到一套高效實用的領導力學習體系，希望你能真正受益！

領導力，就是影響一群人完成使命的能力

歷史是記錄與展現領導力的舞台。歷史中的故事，幾乎都是領導力呈現的結果。領導力不是只有在政治界、軍事界、商業界、學術界，甚至我們生活中的每個層面都可以看到領導力在運作的跡象。

從孫中山先生推翻滿清，到賈伯斯二次重返蘋果公司再創奇蹟，到馬雲在逆境中創建了阿里巴巴，到宗教領袖影響眾人樂捐籌建名山古寺，甚至一位偉大的母親相夫教子影響著三代人，這些都有領導力的因素；因為**領導力就是如何影響一群人完成使命任務的能力**。

因此來自不同領域的領導人，如何能成功扮演不同的角色，其中有他們個人內在的修

為、特質與能力，加上他們對於特定任務所需要的工作內涵及對於當下環境的理解。每個角色所需要的工作內涵不同，每個時代的時空環境也不同，然而我們的研究發現，傑出領導人的風格、作為是各有千秋，然而更深層的修為與自我心識能力卻有非常驚人的相似性。

因此，**本書所要探討的是領導力的底層特質與心識能力，以及如何發現你自己的領袖特質，並且有效地修練，讓自己成為你心中理想的領袖**。

領袖：引領一群人去到更美好的境界

新時代的年輕人（特別是指在一九九〇年後出生的世代）是網路原生代，他們從小的學習就是吸收著來自世界各地的文化、知識、價值觀；看著最新的報導，無所不在與無奇不有的影片。我們再也無法控制他們的資訊來源和思想了，很難預期他們一定要學習孔孟之道的禮儀形式。

然而，當我們能更開放，更深入地理解這個新時代的世界觀，我們就更接近真實，也就更接近超越時空的運作法則與力量，我們自然也就能與這個時代、下個時代，甚至更長遠未來的時代的人們一起相處、一起共事、一起生活；而這就是領導力的起點。

雖然每個世代的背景環境不同，但因為在人類深層的身心作業系統運作機制都是共通的，即使不同年代的人是一樣的，不同國家民族、不同文化背景的人也都是一樣的。所以當你能領導自己時，自然也就能學會如何領導別人；所以要領導別人、影響別人，首先要瞭解更深層的自己，從領導自己出發！

當你把自己過得好、做得好時，你會發現自然會有一群人靠近過來，希望你能領導他們去到他們從你身上感受到更美好的境地。這就是我們對領袖的定義：**領袖，就是能引領別人到更美好境界的人！**

你心目中最崇拜或欣賞的領袖是誰？他們是否都做了這樣的事？他們可能對你沒有任何直接或間接相關的利益，但你還是尊崇他們，因為他們曾經帶領一群人到了更美好的境界。不管那段路程是艱辛、挑戰或順利、輕鬆的；可以是大格局到國家社會，還是小格局到家庭個人，他們一定都成就了這樣的改變，改變自己、改變別人、改變了他們所在的世界。

不靠權威管理的思維模式

現有的領導理論與研究，主要還是基於權威、指揮系統，依靠管理制度的加持，要求組織在領導的指揮下強力執行，高效達成目標。但當環境的變化趨於快速復雜，多維度的因素在驅動著市場與組織的變動時，單一指揮線、強執行與講究效率的領導力，似乎已經無法應付未來不確定的世界。

再加上微觀的個人來看，未來投入工作的人力，會是從二十世紀的管理大師彼得．杜拉克（Peter F. Drucker）所稱的「知識工作者」（Knowledge Worker，他們擁有比老闆更高知識水準的素質與更多自我表現的要求），再進一步到現代移動網路時代、智能設備與資訊深度進入人們的工作與生活後，人們追求更多的自由、個性化與自我實現的「**自由智能工作者**」（Free Intelligent Worker）的新時代。要帶領這樣的新世代人群面對高速頻繁變化的環境，新的領導與組織方式勢必要有一種新的動態激勵與平衡的方式才能滿足。如果不從根本改變自身的生命觀與世界觀，那麼所有的改變只是舊酒裝新瓶。

現在所欠缺的是領導人對新世界的認知；原有的思維模式，還停留在過往的牛頓思維，粒子結構的世界觀中，對世界的看法還是著眼於個別的、局部的與結構性的而已。而這個由內部知識的更新與來自外在社會需求的變化，就促成了領導力與組織模式到了不得不改變的關口！

領導力人人都能學習

領導力是藝術，還是科學？領導力是天生的，還是可以學習的？在傳統的粒子結構的世界觀，各個學科是分割的，由於假設世界是由粒子組合而成，因此可以一顆一顆分割開來。然而在量子世界觀裡，世界的底層是由波與能量所組成，社會是由一個個交互作用的能量體所組成，整體的能量場力是遠大於個體能量場的總和。

因此領導力就是誰能瞭解整體能量場的組成，動態的規則與合力的效應，才能輕鬆引導整個能量場的運作方向。既然大腦有無限重塑的可能，領導力自然是一個可以學習的能力。然而在這個發現自我內在的領導力與領袖巨人過程中，很快就會覺察，我們對宇宙與生命的看法，也就是我們的三觀（世界觀、人生觀、價值觀）與信念，直接影響了我們與世界互動的思考與做法。

賈伯斯年輕時期的禪修經驗深深改變他的世界觀與生命觀，也引領他進入一個截然不同的思維空間，幫助他看到一般人不容易看到的世界與境界。他的自傳對於這部分的詳細描述，也影響到如今美國加州矽谷成為靜坐、冥想、正念修習非常盛行的地方，引領著全美國的新風潮。

這正是世界觀與生命觀對於領導力的影響很明顯的例子。只是這段由種子到呈現給世人看到果實的過程整整花了三十多年。正如量子物理學本身的發展花了一百多年的進程，如今大多數的人還是不瞭解，並且認為不相干；量子世界觀與管理的發展也需要一段時日才能喚醒大家去注意、理解，進而應用。如果你能及早瞭解這個原理與趨勢，那麼你也就有機會在未來的數十年中引領著你的世界。

領導力的學習不是知識或認知的學習，而是一種人際能力的培養與修練，就像游泳與演講的技能。正如全球領先的高管領導力教練馬歇爾．葛史密斯（Marshall Goldsmith）所形容的：「領導力是一種人和人接觸的運動。」（Leadership is a people contact sport.）

只是領導力的運用場景是多元的，是當下的，也是長期的，大多情況下都是不可預演，需要當下即席表現，因此領導人要有極高的內在自我覺察；因此真正領導力的修練必須從底層的認知入手，從底層作業系統入手，不能光從語言、溝通、技巧與行為入手。

本書希望能提供由內而外，由底層到頂層，由認知到行為的一套領導力學習與修練體系；以對培養出二十一世紀傑出的正見領袖有點貢獻，因為世界將會因你們而更美好！

更新內建的作業系統到量子OS

我們會在本書探討很多祕密，首先需要更新的就是你的底層作業系統。蘋果手機的作業系統是iOS、Acer電腦的作業系統是微軟的Windows；華為、小米手機的作業系統是安卓。平常我們不會太在意這些作業系統，但要是我們使用一段時間後，手機或電腦開始變慢、很卡，有些APP下載不了，或是有些功能開始出問題，系統就會提醒你，有新版本的作業系統必須更新。

要是你很忙，還可以拖幾天，直到這些問題真正影響到正常工作時，你只好乖乖照著系統提示下載最新版本的作業系統。這時，你才意識到原來新版本的OS這麼重要！

我們人也是如此，我們每天忙碌地工作、生活、娛樂、學習、運動，感覺好像很正常；直到你發現在事業上，為何別人都比你成功？企業為何不成長？員工為何留不住？目標為何達不成？或是工作上，老闆為何不欣賞我的工作？客戶為何跑掉？或是回到家裡，已經不再有以前那麼溫馨快樂？子女為何不聽話？生活好像很「卡」，有些功能以前沒問題，現在怎麼好像都出問題了？而且這些問題就連醫生都無法檢查出你有什麼毛病。

這時候，你的腦中應該閃過那個提醒的畫面，你的作業系統應該升級了！我們的意識底層也有一套作業系統，影響著每天的思想、情緒、感受、語言與行為。對大多數人而言，平時我們不容易察覺，直到我們碰到問題，深入瞭解原因後，才會發現它的影響。我們心智的操作系統是什麼呢？就是我們的三觀（世界觀、人生觀與價值觀），也是我們的信念系統，我們始終相信，我們的世界裡生命與價值是某種信念體系。

本書就是要藉著最新的科學發現，融合心靈能量的研究與經驗，幫你更新、升級你的作業系統。讓你擁有二十一世紀最新的作業系統，所以你就可以看得懂世界，瞭解自己，知道你可以往哪裡去，進而知道你可以如何影響別人，發揮你的領導力，讓你能心想事成！

用知識創造改變，化被動學習為主動學習

二十世紀時，偉大的教育家約翰・杜威（John Dewey）曾說：「知識就是力量。」（Knowledge is power.）但到了二十一世紀的今天，在這個網路時代，知識是非常豐盛的，也相對便宜。你今天和一位出生於一九九五年後的好學年輕人談話，只要談到一個他不懂的名詞，五分鐘後他就會告訴你百科全書上的定義是什麼。如果是一個複雜的觀念他或許無法馬上理解，但只需要幾天的時間，他就可以告訴你相關的知識。

今天幾乎你想要學習任何東西，只要搜尋Google、Youtube，也可以在很短的時間內就可以學習到一個新的知識。很多人得了癌症之後才開始研究癌症，結果幾個月後就知道原來自己的癌症是這麼來的。

賈伯斯和英特爾前總裁安德忠・葛洛夫（Andrew S. Grove）都是在矽谷裡面非常知名、成功的CEO，他們也都在人生事業高峰時期發現得了癌症，他們就用這種方法上網研究自己的癌症怎麼來的。雖然沒有完全治癒，但賈伯斯就給自己多活了好多年；葛洛夫也是（五十八歲罹癌，七十九歲去世），之後還專門寫了一本相關的書。

台灣有一位機器人研究小組的工程師吳清忠，因為得了癌症，就辭掉工作，找到一位中

醫師治好他的病，他很好奇，就開始自學專心研究中醫的理論，對照他自己的病，最後用上帝設計人類，就像人設計機器人的視角寫了一本書放在網上免費公開分享，結果成了名噪一時的暢銷書《人體使用手冊》。

所以「知識」在資訊爆炸的時代，不再是最大的價值；真正的價值來自經由知識我們能創造改變，而願意並渴望改變則是獲得這個價值最重要的基礎。所以我們如果希望培養自己成為新的領袖，也是一樣，我們不只需要知識，而是希望能學會，並且為自己「創造改變」。因為我們希望為你創造改變，所以這本書將包含不只是知識，還有方法與原則，更有練習作業，希望你能照做或是找一些朋友一起學習，為自己創造一個不同的人生。

但在這個創造改變的過程中，你覺得如果完成改變需要一〇〇%的貢獻，你占多少，我們占多少？沒錯，你占九〇%，我們占一〇%。一〇%在我們身上，九〇%在你的身上。我們的工作是引領你們走上這條路，欣賞量子領導力世界的風景。我是導遊，帶你到一個新的世界上，一個美好的地方。是不是每個人都很會開心？是不是每個人都會得到很有價值的東西？不一定，取決於你以什麼樣的狀態去投入和學習。

在這個領導力的學習過程中，不僅是你自己的狀態，也要瞭解我們的學習方法。學習方法分為兩部分：主動學習和被動學習。

被動學習，就是你現在讀書，或是聽講的狀態。我們聽講的場合是最多的，但在一般結束之後，四十八小時後你所聽講的東西大概只留存五％；如果你是靜靜地讀書，你可能留下一〇％；如果今天給你再看影片可能你的印象比較深刻，可能留下二〇％；如果你有機會看我比手畫腳地演說，講課加上文字、影片、PPT，你可以多留存一點。

但真正可以留存的還是主動學習，也就是你要與人討論、要分享、要把吸收的表達出來。當一個資訊或知識進入你的頭腦後，你能吸收消化，把它用你的語言重新講一遍，它的留存率就會提高非常多。另外，還需要你用體驗去實踐，那你的留存就可以達到七五％。

那麼最後讓你真正學到這套領導力的方法是什麼呢？就是你學會教別人。而身為一個領導人教別人本來就是最好的投資，一方面你學會了，另一方面你又多了一名學生、粉絲或得力助手呢！所以，建議你從一開始就設立一個目標，讀本書時不只是為了自己，更是準備好教身邊的人，那麼你的學習效果就會是最好的了！

本書教你活用量子領導力，讓自己不斷升級

這本書包含三大部，一共十二章。第一部談到在這個時代為何需要談量子領導力？其中包含領導力的底層作業系統，更新你的世界觀與生命觀，以及二十一世紀的領導力內涵。主要希望你能瞭解這個課題的時代意義與實用性，簡單而言是告訴你，為何應該學習量子領導力。本部包含：

第1章：打破舊思維，更新領導力系統
第2章：重新認識宇宙觀，拓展帶人思維
第3章：運用量子領導力，先改變生命觀和人生觀
第4章：翻新領導方式，才能帶得動新世代

如果你對於這種科學理論實在不感興趣，希望直接學習領導力到底是什麼，你也可以直接跳到第二部。

第二部說明什麼是量子領導力，與二十世紀談論的領導力有本質上的不同，是基於生命更底層的能量運作，而不只是表面上可視的知識與行為。量子領導力的修練體系則包含著一

個信念、四個領導進程及五個領袖內在修練的功力。這篇是本書的核心，建議你好好理解。

本部包含：

第5章：超越傳統的溝通與行為模式

第6章：不讓當下情緒造成管理失誤的觀照力

第7章：化負能量為自由的空性力

第8章：讓你迅速從谷底翻身的調頻力

第9章：決定領導心智與格局的包容力

第10章：用有限資訊掌握未來趨勢的洞察力

第三部則為你舉出兩個運用量子領導力的量子組織成功案例。並說明如何修練自己成為具有前述能力的量子領袖，也就是能充分掌握每個當下自我的狀態與情境，並且能運用內在的心靈能量去影響周圍的人，進而完成自己及組織的使命。本部包含：

第11章：運用量子領導力的量子組織實例

終章：領導自己成為量子領袖

另外，為了幫助你能更快速、更容易瞭解本書的知識與思維結構，我們在每章最後也附上一份「導讀思維構圖」，匯總了本章的知識點與關係。每一章後面我們都會有一個修習的作業，也建議你能抽出一點時間來練習，因為領導力不是知識，是一種能力！

整本書就是希望能簡單明瞭地與你分享量子領導力的內涵，以及你如何能以此修練，為自己升級！

駕馭新時代，創造優異

領導力不是一門知識、學問；領導力是一種能力！只要你翻開這本書，表示你已經替未來的人生打開了一扇門，它將引你走上一條更高維、更寬廣、更豐富多彩的路。鼓勵你能用這樣的心情來讀這本書：我今天學習的目的不只是為我自己，更是為我未來想要幫助的人們來學習的，我要學到能教會別人。要是保持這樣的發心來閱讀這本書，你一定會有超出預期的收穫！

你知道嗎？網路是個因果加速器，在這個時代，做什麼事，因與果之間的回報都會加速的。正如馬雲所說：「大多數人都需要先看見才相信，而只有少數人知道先相信才會看見，那些人就會是領袖。」

量子管理學與量子領導力的學說還是剛剛興起、方興未艾，但有一群引領風潮的人已經開始在運用這些觀點與原則，在市場上創造優異的成績，引領風騷了！

本書提及的案例，他們已經從實踐中驗證了量子領導力運用在組織中的威力與效果，而他們的成員大多都很年輕，工作經驗很少，高管本身就具有很少傳統的管理知識與經驗，或是不受傳統經驗的束縛，卻都因為運用量子領導力，心靈能量驅動與創新的組織結構，獲得優異的成就。

我們在後面的章節中會更進一步說明。而這也正是二十一世紀初期新一代的領導人應該把握的時機。希望本書能幫到你及時學習更新的量子思維、世界觀與管理範式，進而洞察並駕馭新時代的風潮，成就你的事業與人生。

讀後觀想

找一個安靜的地方與時間（至少十分鐘），聽著輕柔的音樂，閉上眼睛想：

1. 想想如果你具有能輕鬆影響周圍的人的能力，你希望用那種能力來做什麼？
2. 你希望先幫助哪一些人？
3. 你又希望能為他們創造什麼樣的改變？

Part 1

為什麼人人都需要量子領導力？

第1章

打破舊思維，更新領導力系統

領導力的英文是Leadership，就是一個人能影響一群人共同完成使命或任務的能力。在中文裡，因為「領導」一詞代表著一種官方的職位與權威，所以很容易混淆「領導力」是領導才需要有的能力，或是做了領導就會有的能力。因而我們對領導力的理解一直有很多盲點，而這些盲點也誤導或矮化了領導力的重要性、普遍性與學習動機。其實領導力是每個人只要你需要影響別人，就需要的影響力。

1 管理、領導、領導力與領袖，有什麼差異？

既然談領導力，先瞭解管理、領導、領導力與領袖各自的定義。在管理中特別強調的是，一個組織中的管理者在特定的組織內外環境約束下，運用決策系統、計劃組織、人員配備、領導和控制等職能，對組織的資源進行有效的整合和利用，協調他人的活動，使他人同自己一起實現組織既定目標的活動。

這是一般對管理的定義，在特定的條件下，運用管理手段規劃、執行、考核、計劃等方式來達到組織的目標。所以管理談的就是「人力、職務、功能、資產」都包括在裡面。因此，在這個定義裡，人力是資源，早期管理人事相關功能的部門叫「人事部」，後來升級為「人力資源」，在這樣的定義下，人只是達成組織目的的資源與工具。

美國前國務卿季辛吉（Henry Kissinger）曾定義領導（Leader）說：「**領導就是要讓他的人們，從他們現在的地方，帶領他們去還沒有去過的地方。**」這句話和導遊很像，導遊就是帶你去到你沒有去過的地方。而我們對領導的期望是更多的，我們認為領導就是要有能力徵召別人來參與完成一個使命或是任務的人，不論這個「徵召」是來自權威、利益、理念或是個人魅力的感召。

領導力（Leadership），這個名詞幾乎出現在所有美國名校哈佛、史丹佛、柏克萊等入學申請時的重要評估項目之中。我的小孩都在美國長大，他們在申請美國大學時，我發現，很多申請人都是資優生，學習成績分數都很高，校方難以取捨；當學校在判斷該錄取誰的時候，就會有一個因素跳出來，那就是「Leadership」。

所以，在整個申請過程中，往往得要花費很多心力，思考如何證明自己具有優越的「Leadership」。因此想去申請美國名校，他們對於「Leadership」非常重視。因為他們認為學校不只是要培養一群會讀書、會思考的人，更是要培養一群可以給社會帶來正向影響的人。所以，「Leadership」的培養在美國教育體系中是非常重要的一環。

就「維基百科」的定義，Leadership 就是指在管轄的範圍內充分利用人力和客觀條件，並以最小的成本辦成所需的事，提高整個團體的辦事效率。然而，在本書我們希望簡單、直接明瞭，因此我們把領導力定義為：**影響一群人共同完成使命或任務的能力！**

那麼「領袖」呢？當我們談到領袖時，會想起誰？我們在中國舉辦量子領導力課程前，每次都會先做問卷調查，看看大家心目中的領袖依序有哪些人？有一位經常被提及，可以說是穩居前三名，那就是賈伯斯。賈伯斯既不是國家元首、民族英雄，更談不上歷史偉人，為何他死後幾年，在中國還被推崇為尊敬的領袖呢？原因是他的影響力。大家都同意，在過去十年中，對大家的生活與工作影響最大的就是 iPhone 引起的智慧手機風潮了。所以只要你能對一群人或社會形成重大正面的影響，就可能成為人們心目中的領袖。

在美國政治學家伯恩斯（James MacGregor Burns）的《領袖》（*Leadership*）一書中，領袖的定義是指存在於組織中的三種特殊「領袖角色」之總稱，分別為：第一種角色是對組織精神穹宇的締造、詮釋和演繹；第二種角色是對組織的內部控制權；第三種角色是行使某種特殊的權力。

本書希望簡單地定義說，**「領袖」就是能「引領一群人去到更美好境地的人」**。各國開國領袖如此，

管理、領導與領導力的差別

管理	管理是指一定組織中的管理者在特定的組織內外環境約束下，運用決策系統、計劃組織、人員配備、領導和控制等職能，對組織的資源進行有效的整合和利用，協調他人的活動，使他人同自己一起實現組織既定目標的活動。
領導	美國前國務卿季辛吉曾說：「領導就是要讓他的人們，從他們現在的地方，帶領他們去還沒有去過的地方。」
領導力	以影響力徵召別人來共同完成一個任務或使命的能力。

資料來源：維基百科

許多被推崇的領袖也都是如此。他們之於你我沒有任何權力和利害關係，但他們卻因為對人類的貢獻，在我們心目中的領袖地位永遠屹立不搖！

2 領導力常見的五大迷思

我們對「領導力」的認知，有非常普遍的五個迷思（或稱為「盲點」）。

以為領導力來自職位

很多人說，我現在要有領導力，你要給我一個職位。有沒有這樣的員工跑來跟你說？你現在要我去做一個項目或任務，那你要給我一個職位。因為他似乎以為領導力是來自職位。那你們有沒有見過，有職位但沒領導力的人，有。所以領導力不是直接來自於職位，只是表面上看來似乎來自職位。很多有職位的人沒領導力，很多有領導力的人也並沒有職位。

認為領導力必須被授權

那權威就是真正組織授權給你的，在公司中經常會有「你至少給我批准人事權，你至少給我批准預算權」，我能批准多少的錢給我的部屬，我才能夠真正指揮他們。這也是一個誤解，和前面的職位是一樣的，你誤認為領導力必須來自組織的授權。

覺得需要達標才有領導力

這個也是很常見的，「等我完成了這個業績目標，我就有領導力了，就可以證明我是最好的」，這也是一種誤解。實際上，你不需要達到目標才有領導力；反之，當你達到目標的時候，也不一定有領導力。人們關心的是哪天他自己是否能達到目標。

認為有經驗才有領導力

有些人會說，我需要經驗，才能有領導力；這也不是，領導力的本質並不在於你有沒有經驗。尤其最近開始跟一九九〇年後出生（簡稱九〇後）的年輕人在一起，我把這一世代稱為「後網際網路時代」。我們講九〇後、九五後時，以為這只是年代的劃分；所以，七〇後有一代，八〇後有一代，九〇後有一代。但實際上可以簡單分為兩個世代──「前網際網路時代」和「後網際網路時代」。因為九〇後的人，在他們十歲的時候，網際網路就開通了，所以他們是跟著網際網路一起成長的。

「後網際網路時代」的人，資訊來源不再只是電視新聞、學校教科書或考試要求的內容；他們大量接收來自網絡的資訊，以及能在網上獨立發表個人看法的學習成長歷程，與前面世代的人有本質上的不同。他們在領導力上表現得很自然，無所畏懼；他們雖然沒有經驗，可是因為跟著網際網路長大，知道這個時代不一定需要遵循傳統華人相信的方法和經驗。特別是在經驗上，很多公司到現在仍然依循「年資」、「資歷」來決定你是否升遷與加薪，這都是依賴以往的經驗，是對「領導力」的誤解。

以為有資源就會有領導力

等你給了我資源，我就會有領導力，這也不是。我們身邊有很多例子，前面說的開國領袖、蘋果的賈伯斯，還有阿里巴巴的馬雲，他們都是從零開始，所以顯然資源不是你領導力的主要來源。

認識這些盲點後，不再執著於這些表面上的因素，我們將會逐漸卸下領導力的外衣，開始探索領導力真正的來源。

3 為什麼一當上主管，就有這些缺點？

在我的研究觀察中，發現一個領導人經常有這五種缺點。作為主管也是一般員工被升遷上去的，然而很多人一當上主管卻很容易無意識有這些缺點。

沒耐性

大部分的領導沒耐性聽部屬把話說完，總是覺得你講前面的幾句，我就知道後面的結論了；沒有耐心聽，久而久之就會讓員工也就懶得說，最後就會表面接受命令，內心裡不見得與你的意志一致，做出來的成果自然不會是主管想要的。主管也很容易沒耐性去指導員工，往往認為這些東西這麼簡單，你怎麼還不會？或者是，我已經講了兩次了，你怎麼還不會？所以，很多的領導都會存在這個問題——缺乏耐性。實際上，仔細審視後會發現，如果我一開始就把團隊成員教會，可能多花了一倍時間，可是後面將省下十倍、一百倍的時間。為什麼？避免他重複犯錯。當然，你可能碰到一個不受教的員工，那是你選拔人員的問題。一般情況下，沒有耐性是領導人常見的問題，沒有耐心聽，也沒有耐心教人。

憤怒與情緒

我個人在美國或台灣的管理經驗，因為兩者比較相對開放的社會，要是你經常憤怒罵人的話，員工早就不幹了，或是早就不聽你的。我認識美國最大的快遞配送公司UPS的一位資深副總裁，他說有一次開會，副總罵了一名員工「×××，你是笨蛋！」結果公司最後的裁決是辭退這位副總，因為違反他們尊重個人的企業文化。因為他們覺得應該尊重員工，做錯了，可以責備，但不可以進行人身攻擊、侮辱人格，不可以罵對方「笨蛋」。這種因憤怒而失去理性的行為，對領導力的傷害極大，有些領導人就是沒有辦法控制自己的憤怒情緒。

權威

「你做不好這件事的話，就給我滾蛋！」可是你真的敢讓做錯一次的員工就這樣滾蛋嗎？很多情況是你真的講了，他也真的做錯了，臭罵一頓之後，你真的會讓他滾蛋嗎？一般是不敢也不會，因為他犯的錯，罪不至此。但是你幾次叫他滾蛋，卻又不敢也不會讓他滾蛋，結果是什麼？領導的權威自然就沒了。所以，濫用權威、不適當運用權威，也是領導人常犯的錯誤。而這也是領導與團隊夥伴心理距離維持很遠的一個主要因素。有了幾次經驗後，員工就懂得自我保護，但同時降低對領導的尊敬了。

自我中心

很多領導人之所以能坐到領導的位置，是因為肯定有一些小小的成功業績、戰功、聰明或資源。但是這些很容易讓你以自我為中心。有些領導人開會時經常一次又一次地談著：「想當年……我能坐到這個位置，是因為我之前做了多少豐功偉業」，一直沉醉在自己舊日的光環裡；或是看事情只從自己的角度出發，不考慮團隊成員的立場。這樣很容易導致領導越來越孤單，團隊越來越與你保持距離。

看不到自己

通常我們的會議室或辦公室裡沒有鏡子，我們看不到自己在言語或行為上做一些令人難堪或厭惡，甚至可笑的表現；一般領導看不到自己，大部分都只是從自己的視角看到外面的世界。不止是看不到自己，而且聽不到真話。當你有很多情緒，又以自我為中心時，經常就會殺死「郵差」（帶來壞消息的人）。

例如，有一個員工跑過來跟你說：「老闆……我們客戶因為某某原因取消訂單。」「笨蛋！那你們為什麼會把這麼重要的客戶弄丟？」實際上，這個錯誤很可能不在這位員工身上。員工跟你說「這個客戶在網上把我們罵得很慘」，結果，你把這個員工罵一頓。從此以後，你聽到的可能都是假話，沒有人再來跟你講真話了；因為你會殺死「郵差」，所以沒有人敢做「郵差」。最後，領導聽不到真話，又看不到自己的問題，就把問題都歸咎在外界，都是團隊、員工、客戶、系統、行業、景氣、政府等，都是他們的問題；而這自然也導致領導的無力感、挫敗感，績效也不可能好。

我們都可能一不小心就成為這樣的老闆或主管，容易失去人心、造成距離、各自為事、陽奉陰違，或是直接造成人才流失。這是組織與團隊生產力提升很大的障礙，因此想要成為高效的領導人，擁有領導力，就需要改變。

當我在評估是否接受企業邀請為他們輔導時，最後一定要面對面地問CEO一個問題：「你請我來幫忙你的企業，是不是因為你的企業要變革？」

他說：「是，請你來就是為了徹底改變。」

「那你覺得企業變革的中心是什麼？」

「你只要把我們的團隊變好，我們的公司就會變好的。」

如果對方這樣回答，我就會說：「對不起！你知道這整個變革的中心在你自己嗎？」

但最難改變的就是「自己」。所以，我輔導企業變革的第一個要求，就是CEO要願意改變自己。大部分的老闆都會說「我願意！」但我們在做案例時，有時會中途主動撤出，都是因為老闆真的太難改變了；他看不到自己，也不願意改變自己。如果老闆看不到自己，也不願意改變自己，我們可能就會選擇提前解約，因為核心不變，整個企業是無法成功變革的。所以，做為領導你要能夠看得到自己，當你看不到自己時，沒有人能真正幫到你。你的顧問幫不到你，你的朋友幫不到，你的部屬更不可能！這時只有你的董事會可以幫你，就像賈伯斯。

一九八五年，賈伯斯三十歲，為什麼會被董事會請出蘋果？就是因為他的領導力出了問題。在很多重要場合裡，他侮辱別人，事後再說：「對不起，我就是控制不了自己。」他那個時候簡直是一個暴君，偏執、不講理、不顧別人的感受，除了自己欣賞的人，完全不關注其他的員工和團隊。賈伯斯在自傳裡經常檢討這一段歷程。所以董事會幫他最大的忙，就是請他離開。

賈伯斯重回蘋果時，已經完全變了一個人，成為了非常好的領袖；一流的人才都願意聚集起來幫助他，這就是「領導力」的展現。賈伯斯向來都很聰明，但當領導力不存在時，大家就不願意幫他。所以做領袖最重要的就是首先要能看得到自己。

從這些領導人常見的缺點，就可以發現，領導力不在於學習更多的知識，知道做好領導需要哪些能力與特質，哪種領導人更成功等。要想帶得動人，必須先從領導自己開始。請注意不是「管理」自己，而是「領導」自己。管理是把自己當作達到目標的工具，不顧自己的感受，堅忍地完成目標，很難也很累；領導自己是以一個美好的願景，照顧自己當下的感受，引領自己朝向那個美好的境界來調整比較輕鬆容易，而且更為有效。「管理」和「領導」是有差別的。當你學會「領導」自己，自然而然就會建立你對周圍人的領導能力。

因此學習領導力的第一步在於認識自己，瞭解自己的特性、優勢與局限，進而藉由自我修練，隨時覺察自己的狀態，發揮優勢，提升為獨特的領袖特質與魅力；並勇於面對自己的局限，努力自我突破與超越。因此要修練什麼，如何修練？就成為領導力的最核心課題！

4 領導無法一招打天下，透過三維度來修練

領導力是透過文字、語言、行為，甚至傳說等人際互動的場景中所形成的。要修練領導力就要從這三個主要的維度來解析：

對象

領導力是影響力，針對不同的對象，領導力的要求不同。對於家庭和親友，影響力來自愛與情感的交流；對於工作上合作的團隊，事業上合作的夥伴則是以事業共同利益的創造為主，人們追隨領導人主要是因為理念的認同與共同利益的創造。因此**針對不同的對象，領導力要依不同的訴求來發揮**。

場景

領導力的形成過程中有不同的場景，其中可以區分為個人修為，一對一、一對多、公眾，甚至面對全世界。在這不同的場景中也可以簡單區分為個人單獨，以及與別人相處兩種。尤其到了這個時代，網際網路時代連接一切人，一切事物，再也無法封閉區隔不同的階層或是組織。維持一致的原則面對所有對外的場景是最安全的做法。

對事務的反應週期

簡單區分為當下、短期和長期的。長期的課題有戰略方向的選擇、個人事業與定位的取捨等；短期的課題例如一般管理事務的決策與解決、銷售、營運，客戶投訴等，你會有一段時間，可能是幾分鐘到幾天，來思考處理。然而當下的則是在每個時刻，不管是自處或是與他人在一起，課題來到你面前時就是要考驗你當下的態度、狀態、決定與反應，你都來不及思考、諮詢別人或查閱資料，因為當下就在現在。

「當下」這個詞代表的是「現在與這裡」（Now and Here）！我們無所遁逃，我們無可避免，我們要面對的就是這個時刻。而這些不同的反應週期中，哪一個最具有挑戰性？也最重要？是當下的！沒錯，就是當下的，因為我們無所逃避也無法準備。反之，如果領導力是從當下的修練入手，那麼不需要準備，自然就能從容自信地面對所有的場景。而當下的修練就需要從我們內在的底層操作系統著手才行。當我們把從當下入手修練領導力後，就會發現所有短期的與長期的能力，就會在不知不覺中積累出來。而這也就是你能在過程中享受生命的品質，又能獲得豐盛成果的祕密，從當下入手！

5 我們的底層作業系統，影響思想與行為

修練當下的領導力就需要從底層作業系統入手，因為在當下的瞬間，連思考都太慢了，所有的反應是由底層作業系統，經由身心直接反應的。那麼底層操作系統是指什麼？

有時候兩個人吵架，牛頭不對馬嘴，是因為他們底層相信的事情不一樣。就像智慧型手機與電腦的OS是系統一切運行的基礎。就像安卓手機的安卓系統和蘋果手機的iOS系統，所有功能、設置、APP都是在這OS之上建立起來的。

我們所有人的行為、思想，底層都有一套系統，是我們相信的一套「終極假設」，也就是我們的三觀：世界觀、人生觀和價值觀。因為它決定了我們上層的思想、行為和關係，所以選擇什麼樣的OS很重要；選擇你的OS之後，隨時更新你的OS也很重要。當你的OS是老舊版本時，只會用老版的思考方式，當你還陷入在舊版的思維裡，很多時候導致你與世界脫節，甚至於誤導你人生走向一個錯誤的方向。

所以孔子說「三十而立」，很多人誤以為「三十而立」是結婚、成家、買房、買車，就

是所謂「三十而立」。其實不然，孔子所說的「三十而立」是指「立三觀」，也就是建立正確的三觀，稱為「立正見」。如果你立了正確的「三觀」，並且時常與時俱進更新你的版本，那麼你人生後面的道路就會很順利。一個領導人要有意識地覺察自己的三觀，因為你相信什麼，就會成為什麼。美國汽車大王亨利・福特（Henry Ford）曾說：「不管你相信你能，或是你不能，最後都會證明你是對的。」因為你會不自覺成為你所相信的。所以，你要是相信錯誤的「假設」，就會走上錯誤的道路。

某次課堂上，一位女性告訴我：「我嫁了一個這樣的老公，這一定是我前世注定的，那我就認命吧！」因為她的生命觀裡認為「只要是前世注定的事情，她就要認命。」這是她的生命觀出了問題，她只接受前世注定的事情，不相信她此生、此刻可以創造一個新的命運，所以只能繼續受苦，無法解脫。我教她開始檢視自己的「三觀」，特別是生命觀與價值觀，加上適當的訓練，三個月後她從原本準備承受一切的家庭主婦，奇蹟似地轉變成一位企業領導。因為她老公 拋下家庭與公司離去；而她以新的三觀與態度，面對一切，勇敢接手公司的領導角色，也受到員工的愛戴。所以說，領導人的底層作業系統，三觀的內容，極為重要！

我們真正的底層作業系統是由宇宙觀的認識建立的世界觀、由基於生命觀的認識建立的人生觀，以及由前面兩觀的認識與選擇所建立的價值觀。這「三觀」是你的底層作業系統代碼，因為這「三觀」代表你的終極假設，它將一直引領你的思想，行為與關係。

因此學習領導力，要能在當下淡定、從容、了然於心，就需要充分瞭解並更新我們的宇宙觀、生命觀和價值觀。

讀後觀想

找一個安靜的地方與時間（至少十分鐘），聽著輕柔的音樂，閉上眼睛想：

1. 回顧一下管理，領導力與領袖的定義，你希望自己未來扮演什麼樣的角色？管理者、領導、領袖？還是獨善其身？
2. 如果你已經是領導的角色了，想想你是否有本章說的五個迷思或五個常犯的缺點？
3. 回顧一下你今日的狀態，你的成就、關係與身心狀態，來自什麼樣的生命觀與價值觀？是否發現哪些「終極假設」在引領著你？

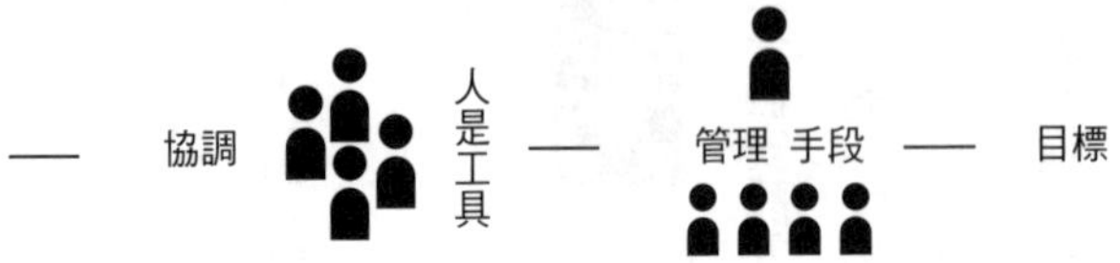

領導力修練的三個維度

- 對象
  - 圖隊成員
  - 同事
  - 合作夥伴
  - ……
- 場景
  - 個人：一對一
  - 與他人
    - 一對少
    - 一對多
- 對事物反應週期
  - 短期：如一般管理事物的決策與解決
  - 當下
    - Now
    - Here
    - 當下的修練 — 底層操作系統
  - 長期
    - 戰略
    - 個人事業的定位，取捨
    - ……

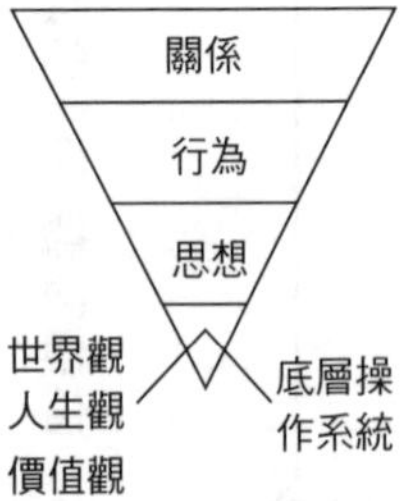

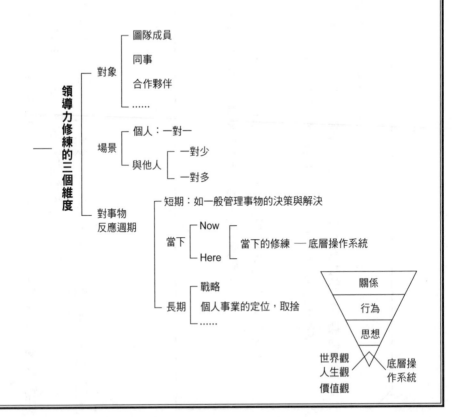

導讀思維構圖

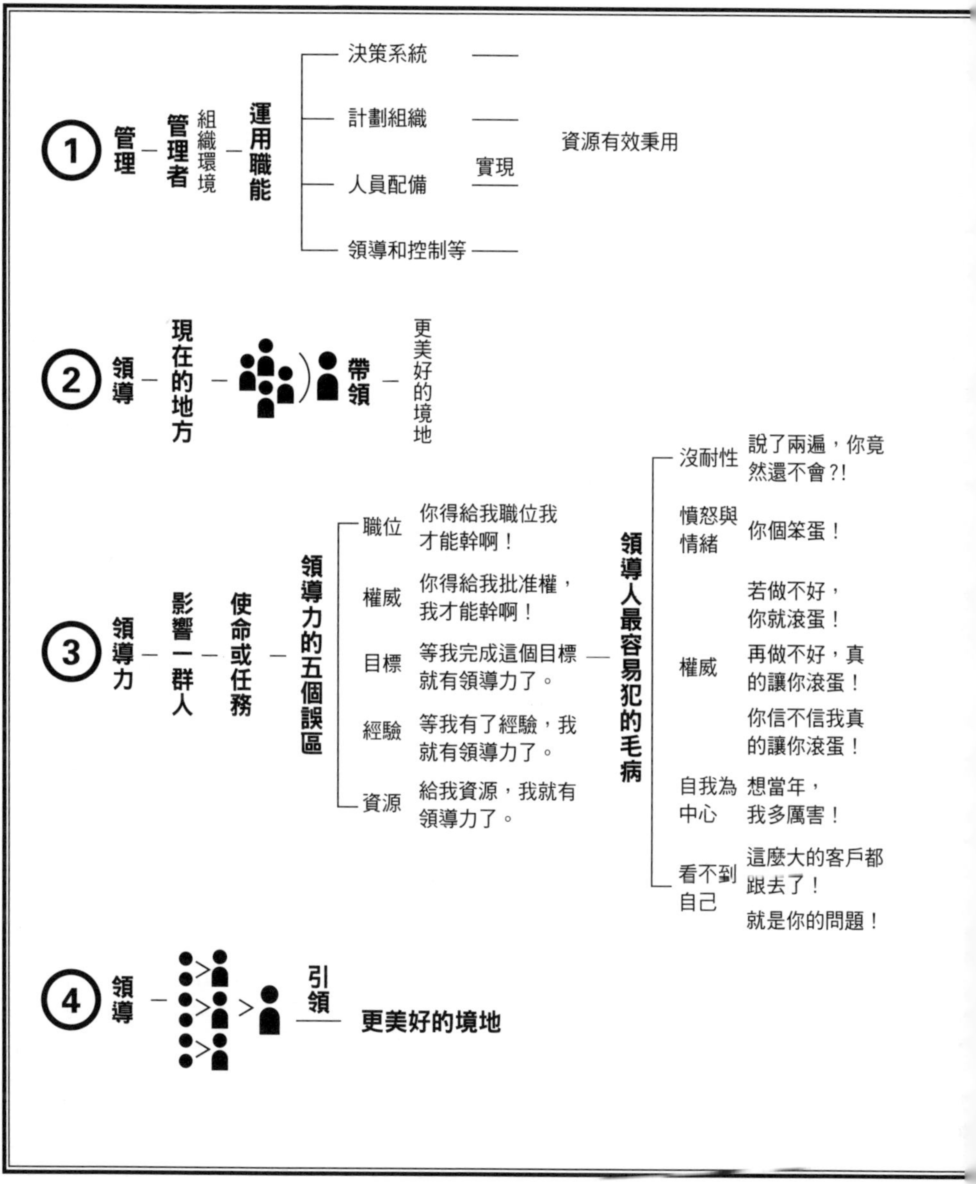
1
管理
管理者
組織環境
運用職能
決策系統
計劃組織
人員配備
領導和控制等
實現
資源有效秉用
2
領導
現在的地方
帶領
更美好的境地
3
領導力
影響一群人
使命或任務
領導力的五個誤區
職位
你得給我職位我才能幹啊！
權威
你得給我批准權，我才能幹啊！
目標
等我完成這個目標就有領導力了。
經驗
等我有了經驗，我就有領導力了。
資源
給我資源，我就有領導力了。
領導人最容易犯的毛病
沒耐性
說了兩遍，你竟然還不會?!
憤怒與情緒
你個笨蛋！
權威
若做不好，你就滾蛋！
再做不好，真的讓你滾蛋！
你信不信我真的讓你滾蛋！
自我為中心
想當年，我多厲害！
看不到自己
這麼大的客戶都跟丟了！
就是你的問題！
4
領導
引領
更美好的境地

第2章

重新認識宇宙觀，拓展帶人思維

過去三百年，人類文明有一個很重要的發展，就是由西方的「科學」做為探索真理的方法。幾乎是從文藝復興之後，「科學」就成為大家思考的主流，也成為我們判斷事物真偽的主要條件。經常我們會聽到「這種事不科學！」似乎「不科學」就是不對的，或者說不正確的，所以就某種程度而言「科學」成了我們的信仰，科學可以證明者為真，不可證明者則偽。其實這是我們近代人受了科學教育後產生的局限性。

那什麼才能是科學？科學有以下幾個條件：

可測量

在六十年前，西方還認為針灸是不科學的。中國人拿針「刺」身體怎麼會治好病呢？解剖學上看不到所謂中醫的經絡和穴道呀！所以，他們認為這是不科學的。一直到後來，有一個儀器可以測量人體氣的狀態，才發現原來人真的是有「氣」，就是現在所謂的「能量」。為什麼西醫在幾百年的發展中都沒有發現這件事情？西醫的整個解剖學是在屍體上學習的。屍體上是不可能看到氣、穴道和經絡的，在這個基礎上，研究再久也看不到穴道和經絡的；方法論決定了研究範疇的局限性，**由此所建立的世界觀、生命觀自然也受了局限**。

由此可見我們的底層作業系統，一切認知的基礎假設的重要性。過去的基本假設，人就是由物質組成的，研究屍體大概就可以瞭解人體的運作，因此在屍體上怎麼樣也研究不到穴道和經絡，由此認為「針灸是不科學的！」直到人類的「氣」，能量體可以在科學儀器的檢測下呈現，由肉眼所見，大家才接受；因為「可衡量，可測量」是科學的重要基礎條件。

過去二十年，人工智慧進化飛速，因為人瞭解「腦」的知識比過去幾百年都進步得多，原因就是我們有了「核磁共振」（Nuclear Magnetic Resonance）儀器，所以我們開始觀察到人的頭腦思考運作時，是怎麼的狀態，我們開始用眼睛就觀察得到了。即「可衡量、可測量」是科學裡面很重要的基礎。

可複製

同時在中國、美國、歐洲做的一個實驗，把實驗步驟記錄下來，只要我按照這個步驟，我們的結論都一樣，這個就是「可複製」。科學的第二個要求是「可複製」。「科學」中很嚴謹的是：在什麼樣的條件下，做出的實驗；我根據什麼步驟，得到這個結果……這些被可複製之後，就可以進入科學領域。

可解釋

某些科學研究，在一段時間內沒有辦法解釋，但是它可衡量、可複製，也就可被列入科學領域。那麼，這個「可解釋」就稱為「假設」，產生一個假設性的理論。

一直到最後，出現一個普遍被大家所接受的理論，之後就會成為正式的「科學理論」，可以編列到教科書裡面。所以，經由這三個條件檢證，的確是很嚴謹的判別真理的方法；但正如前面所述，科學仍然以為使用的方法論而有其局限。

所以，我們從教科書裡學到的東西都要合乎這三個條件才合乎科學，而後就成為我們認識的真理。「可測量」是經由我們的五官，要可看到、可聽到、可聞到、可嚐到、可觸摸到……所以它的局限就在於我們的感官。

我們都知道，所有的波組合成一個光譜，我們可見光在整個光的比例大概只有極小，一%都不到。所以，**僅憑我們的感官去測量事物，本身就局限了科學的發展。如果我們認為「不科學」就是不對，就會產生很大的誤區**。

小時候生病，我們不想去看醫生，就去燒香拜佛將煙灰泡茶，結果有時候發現病好了。得出的結論就是煙灰可以治病。我們現在知道這不科學，但它的確發生了，是否可複製？

「有時候可以，有時候不可以。」

所以，除了科學和不科學，宇宙的真理還有很大的一塊是「**非科學的真理**」，也就是科學還未能以人類感官測量而得的部分的真理。

然而東方聖賢們探索真理的方式就與西方不同。十多年前，初次遇見我的禪師，我們談論生命的本質與世界的實相是什麼，生命到底為何而來？

那時，我們是一群矽谷的菁英，我在創業，同學們很多是ＨＰ、思科的高管，大家都自恃聰明，我們進行了三天三夜的辯論。最後，師父說：「**你相不相信，有些真理，不是你今天的頭腦可以理解的？**」

雖然我們自以為很聰明，但還是有點自知之明，我們可以接受有些事情的確是當時無法理解的。師父就說：「**如果你相信，那麼就先按照我的方法去做，一段時間之後，我們再回來談。**」結果我們都照做了，最後我們發現自己的生命觀、人生觀都發生了重大的改變，而且是普遍可複製。

我們當時無法完全瞭解，可是我接受了這部分「非科學的真理」的存在性，因為它是可複製、可解釋的。在西方發展的科學是基於可測量的實驗，而東方發展的卻是「可體驗」的；因此我的喜馬拉雅山下來的究竟瑜伽古儒（guru）師父就說，西方探索真理用的是「實驗科學」（Experimental Science），而東方探索真理的的方法論是一種「體驗科學」（Experience Science），兩者探索真理的嚴謹態度是一致的，只是途徑不同。

因此生在二十一世紀，學習領導力的我們，幸運地終於可以把這兩種不同的人類智慧融合在一起，用一種一體、完整的觀點來幫助我們認識世界、生命與價值的真理。

1 更新你的宇宙觀與世界觀：古典力學與量子力學

牛頓以來的科學家相信宇宙一切現象都可以用科學來解釋、推演。所以我們可以從「牛頓力學」的「三大定律」，到愛因斯坦發現的「相對論」，有一個眾所周知的公式 $E=MC^2$，證明物質和能量之間可以相互轉化，而且這個轉化可以用公式來計算預測。C是光速，所以能把 1g 的物質轉化為巨大的能量，這個能量創造的是那 1g 的物質乘上光速的二次方，多麼巨大的能量啊！

二十世紀的人類可以把宇宙的現象轉換成公式來解釋，相信只要給我初始值，根據這個公式，就可以推演出最終答案。光速是宇宙中最快的速度，所有事物的速度不可能超過光速。我們也相信一切的物質是都由最小的粒子組成。這個最小粒子隨著測量與實驗技術的更新，也一直在更新。從一開始發現的是分子、原子，後來發現原子裡面還有核子、質子、中子、電子，但本質上都是粒子組成的，並沒有變；一直到量子物理學後，就發現不一樣了！

十九世紀末期，物理學家面對了一些現象無法解釋。其中引發出一個重要的問題：光到底是粒子還是波？這個概念應該是很明顯的，我們知道不同的頻率會有不同的光。那為什麼會有人說光是粒子呢？愛因斯坦說：「光應該是粒子。從光電實驗中，光打在某一種物體時，會產生電子。如果只是波，沒辦法產生這種現象，它應該是粒子，所以光應該有一個最小的單位『光量子』。」

那時，就有一個人大膽提出假設，光可能具有兩種特性，既是粒子也是波。那個人就是德國物理學家馬克斯・普朗克（Max Planck），後人稱他為量子力學之父。這也就是量子力學、量子物理學，乃至於量子通信、量子電腦、量子醫學的起源；甚至到了今天對量子領導力的啟示。

量子是什麼？能量的最小不可分割的單位稱為量子。量子科學的發展歷史從一九〇〇年開始，德國柏林大學教授普朗克首先提出了「量子論」，說光子可能兩種特性都有。愛因斯坦首先贊同量子假說，第一個肯定了輻射光的微粒性，用這種觀點，愛因斯坦成功解釋了「光電效應」規律，寫成論文，獲得一九二一年諾貝爾物理學獎。

但在一九二五年愛因斯坦卻走向對立面，認為量子糾纏的假設是不可能的，認為量子力學沒有理論依據，只是偶然的假說，將其比喻為「上帝不會擲骰子」。上帝要麼給你肯定的答案，要麼就就給你否定的答案，不會給你一個帶著隨機機率的答案。這一路百年來的量子物理學發展模式，不像過去的牛頓力學、愛因斯坦的相對論，是由一位超級天才直接給出答案，讓世界臣服，然後大家再慢慢去驗證，證明他們的偉大洞察。而量子物理的發展是由普朗克提出了大膽的假設，來自世界各地的科學家不斷實驗，提出更深的假設與論證，逐步完善的。

跨越一百年的歷史，連公認的二十世紀最聰明的大腦在探討量子糾纏與量子現象的隨機性、不可預測性的事實上都錯了！原因是什麼？是因為他相信「上帝不會擲骰子」。所以你相信什麼，真的很重要，不管你有多聰明。

研究量子物理學不是本書的目的，我們是想透過量子物理學的新發現來瞭解宇宙是如何形成的，世界是如何運作的，最後身為領導人的我們應該如何更新世界觀來運作！如果你能理解，我會建議你花點時間讀完本章。如果你實在只是急著想看領導力是如何修練的，那麼也可以跳過。

2 雙縫實驗——量子力學的經典實驗

我們先從量子物理中一個最經典的實驗「雙縫實驗」（Double-Slit Experiment），可以到各大影片分享網站搜尋觀看。這個實驗的結果讓我們不得不更新我們的三觀。

簡單說明，科學家為了證明電子（代表物質的最小粒子）的形態是粒子或是波，就用儀器一顆一顆地朝向一個有縫的板子發射，然後看電子經由縫隙穿越後在後面的成像如何？當過濾板是一個夾縫時，粒子和波的行為就是不一樣的；如果是粒子就會簡單的呈現一條狹長的投射；如果是水波就會形成一系列的波形投射。

現在改用兩個夾縫的過濾板，理論上如果是粒子，穿過兩個夾縫時，就只有兩條狹長的投射；如果是波，因為是兩個夾縫，所以就會形成兩個波的彼此干涉。如果你丟一個石頭到水裡，會看到有波峰、波谷的漣漪；如果你丟兩個石頭，就會有兩個波，這兩個波就會產生波的干涉。在干涉中就會看到波峰加波峰時形成雙倍高，波谷加波谷時就會雙倍的深，波峰加波谷時就會抵消。因此如果電子是以波的形式存在，就會因為干涉而形成系列深淺排列的投射。

在這個實驗之前，人們一直都認為電子就是粒子，所以粒子穿過的話，就應該是兩條細縫。但這個實驗的結果有著驚人的發現，經過雙縫的電子投射不是兩條細縫，而是一種波的干涉現象。啊？不可能吧？科學家就想，一開始，我們是用一束束的電子發射，可能他們彼此會碰撞，那接下來用一顆顆電子發射，每隔一段時間投一個，這下總不會碰撞了吧？結果實驗得到的還是一個波的干涉狀態。我們是投粒子（電子）過去的，為什麼會是投射出波的狀態呢？

這項實驗在人類史上是一個重大的突破，各國科學家已經重複實驗過數百次，結果都是如此。最後科學家就想觀察每一顆顆電子是怎麼飛過去的，他們架起測量儀器觀察，結果發現一個更驚奇的現象。當他們不用測量儀器，只是投射電子時，所有的都是波的干涉現象呈現。當把測量儀器打開，盯著一顆一顆電子看經由哪個縫穿過的，結果就形成粒子形態，就只有兩條線。

這是不是很神奇？沒有辦法解釋。但科學要求可複製、可衡量。這件事都做到了。它是可衡量且可複製的。因為全世界的實驗家做的實驗都得到這個結果。

那麼如何解釋呢？

我們如何解釋這件事情，這就是量子物理中所謂的「波粒二象性」。「粒子」狀態時，有一個穩定的結構，所以它的行為是可以預測的。但如果是波，波相對來說是一個比較複雜的狀態，它就會有頻率，有振幅、波長，還會有波的干涉。另外波也有不同特性，波的維度：一維波——繩子上的波；二維波——水上的波（最容易理解的是二維波，眼睛可以直接看到）；三維波——球狀的波，像我們可以聽到聲音就是來自三維的波。

所以到底是什麼決定光是波還是粒子？實驗結論告訴我們的是「觀察」。但有些更聰明的科學家仍不滿足。「觀察」，到底是什麼在「觀察」？我們再把「觀察」剝開來，什麼是「觀察」？我們如何「觀察」？在雙縫實驗中，科學家只裝了測量儀器，讓電腦假裝在「觀察」，但觀察結果是「波」。同樣裝了測量儀器，如果有人在觀看過程，那結果就是「粒子」。

讓我們進一步深入檢視「觀察」是怎麼來的，「觀察」經由我們的眼睛到視神經，會經過一個組織到達腦細胞，然後把我們的資訊儲存在腦細胞中。所以，既然我們的「觀察」是從這裡來的，那可不可以取代這個「觀察」？假如讓人工智慧機器人來觀察，那會是什麼？現在的機器人已經能看、能思考、能計算，比一般人強多了，可是放一個機器人在觀察，和沒有人在觀察的結果卻會是一樣的，電子呈現波的狀態。

有人在看就是「粒子」；沒有人看，或是機器人看就是「波」。那麼，誰是最後真正的觀察者？是意識！是意識決定的！有意識介入，「波」就會從一種函數的無限可能位置的狀態崩塌成為可確定位置的「粒子」。

也就是說，在沒有意識進來的時候，電子本身是以波的形式存在，這種狀態時就可能是在任何位置，需要以波函數來描述。但當意識進來後，就成為可確定位置的粒子。因為人類的意識相信它是粒子，所以就形成為粒子。

如果當觀察的人相信它是波，觀察的結果是否就會是波？目前還沒有相關的實驗證明這件事。但這項實驗已經可以告訴我們一個非常重要的資訊，原來宇宙最小的元素在原始形成物質時，是以波的形式存在著，一直到我們的意識介入觀察後，才轉化成粒子。而這個波就是能量的形式，所以我們稱為「量子」，即能量的最小不可分割的單位。

量子力學之父普朗克還有一個公式：$E=hf$（能量E＝普朗克常數h×頻率f；h是普朗克常數；f是頻率），因此能量和頻率成正比，改變頻率就可以改變能量狀態。所以，以後我們對於萬物的能量狀態就可以從頻率入手，因為頻率越高則能量越高。

3 愛因斯坦不相信的事——量子糾纏現象

科學家在量子波粒二象的基礎上，又發現一個更無法理解的事，那就是把兩個粒子產生關聯後，一個放在這，另一個放在數千公里遠的地方。結果發現只要轉動這個粒子，在轉換時，同時另一個粒子也在轉換；這邊向正旋，另一邊同時會改變。這個「同時」幾乎沒有時間差，所以如果推算其溝通的速度需要是光速的數倍，這就打破了原來我們相信的一件事情，就是「光速是宇宙中最快的速度」。

因為這個已經超過光速數倍，是同時轉換。這也就是愛因斯坦不相信的原因之一。愛因斯坦不相信兩件事：第一，物質的最小單位如果是波就不會是粒子；第二，光速是宇宙中最快的速度，怎麼可能同時改變，因為從這裡的資訊要傳遞過去是來不及的。

所以，量子科學家相信實際上量子糾纏的粒子間不是一個傳遞的過程，而是所有的粒子之間都還是被一個隱形的網連接著，只是用我們今天的技術無法看到、無法測量、無法理解的一種方式連接著。對於這些無法測量卻又相信它們存在的東西，我們稱為「暗物質」、

「暗能量」。這不是猜想，有很多暗物質已被推算出來，只是無法測量。而且「量子糾纏」已被運用到量子電腦、量子通訊、量子衛星等，都是在運用這個「量子糾纏」的理論。

4 宇宙的基本元素都由意識來決定

宇宙的三個基本元素：物質、資訊與能量。過去三百到五百年來，突破最多的科學研究主要是「物質」，物質給人類文明帶來很大的進步。過去七十年，人類的發展主要是在「資訊」，自一九五〇年代從電腦開始，進步最大的是資訊科技，所以現在每個人手上都有一支智慧型手機，功能比三十年前的超級大電腦都強。

現今用最佳測量技術能看到物質最小單位是「夸克」；資訊的最小單位元是「位元」（bit），而第三個元素能量的最小單位元則是「量子」。二十世紀末開始，基於量子物理學確認後，人類接下來的發展前沿就是基於能量的科學與文明，因為發現宇宙的三種基本元素，資訊自然是，能量也是，現在連物質也是了，一切最底層的是由「意識」來決定的。

5 波粒二象並存的宇宙觀與世界觀

由宇宙的三基本元素的認識，我們可以推演到世界觀也是具有二象的特性，一則是以粒子觀為基礎的結構性，一則是以波為基礎的流動性。當我們用粒子觀看這個世界時，粒子與粒子之間都是具有穩定關係的，我們大多都會是形成結構性的看法，在組織與領導的領域，我們大多會關注在結構性的事務，有組織結構、商業模式、資訊系統、個人身體、人力資源……幾乎所有事物都是從「粒子觀」來的穩定結構性。

另外一種是流動性，譬如企業文化、團隊士氣、組織動能、心靈能量、場內共識、場域能量、集體潛意識，甚至於華人特別喜歡談的「風水」。完整觀察世界的現象就需要融合這二象性，如果你原來是「結構性」觀念特強的人，應該加上「流動性」；如果你是對靈修、能量很敏感的人，你看到的世界可能都是流動的，那麼就需要加強對結構性部分的認識。

我一直主張「凡存在的，必有其意義」。當我們已經認識到粒子和波的二象並存，兩種狀態都可以存在時，所以也就應該接受「結構性」和「流動性」可以共同存在。當你意識到

「流動性」時，你的世界可以一層一層地擴大、一層一層地流動，變得很有彈性。對一個新的領袖來說，你要瞭解這兩種特性，學會融合運用，用「融合系統」的觀點去理解、看待與運用。這對於後文我們開始應用量子世界觀到領導力的應用場景時會很有幫助。

我們已經認識到了三個主要的元素，真正在最後控制的是「意識」。你可能心中還是有很多疑問，這跟我們過去的教育、經驗和現象不一樣。沒關係，繼續往下看，會一步步看清楚整個世界背後是怎麼運作的。

要成為真正的領袖，一定要先瞭解這個祕密。我們所探討的，在過去是一個很大的祕密：要麼藏在一個很有權勢的領袖頭腦中；要麼藏在一個強大的宗教領袖心中；要麼藏在喜馬拉雅山修行高深的古儒心中。

在二十一世紀的今天，本書出版的目的就是把這些祕密與未來的領袖分享，讓未來的領袖懂得怎麼運作這些祕密，共同創造一個更美好的世界！

如果你能瞭解本章所說的內容，那麼恭喜你自己，你底層作業系統中的宇宙觀與世界觀已經升級了！你可以開始去認知量子時代的很多神奇祕密了。

現在總結一下量子力學對於我們的宇宙觀與世界觀的重要啟示：

1. 所有物質都具有波與粒子的二象特性
2. 「意識」讓波的狀態轉化為粒子，我們看到的世界
3. 宇宙中，只有你的世界，並沒有所謂「絕對客觀的世界」
4. 宇宙中所有事物都是具有微妙的關聯著
5. 能量是各種物理現象的底層基礎，而能量與頻率成正比

讀後觀想

找一個安靜的地方與時間（至少十分鐘）聽著輕柔的音樂，閉上眼睛：

1. 波的觀想

閉上眼睛，先深呼吸三次。現在我們都認識到我們最原始的狀態是波，開始想像你是波，而不是粒子的組合，你今天才發現原來我是一個波的組合，你想想看自己會有什麼樣的不同？你和你身邊的人會有什麼不同的互動？你跟辦公室的人又會有什麼樣的干涉關係？你和遠方的家人的量子糾纏關係又會是如何？你和這個世界又會有什麼樣

不同的干涉關係？

2. 我們知道改變頻率就能改變能量；那又是什麼可以改變頻率呢？我們的意識、想法本身就可以改變頻率，也就可以改變我們的能量。那麼你可以如何利用這個原理來改變你的生活、你的身體，以及你夢想的世界呢？

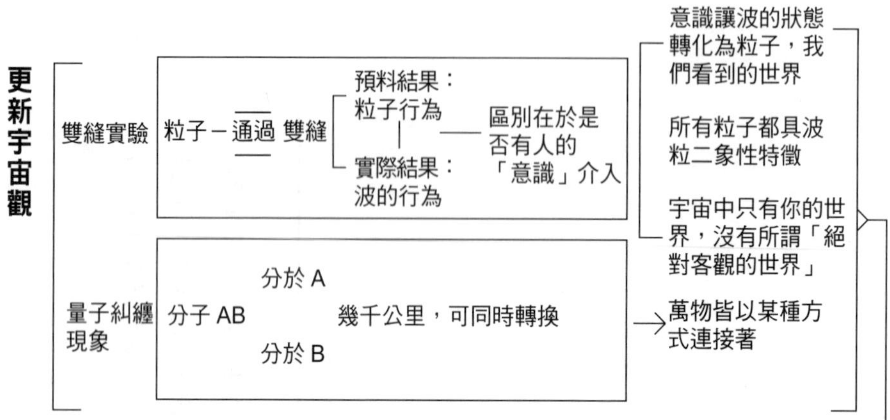
更新宇宙觀
雙縫實驗
粒子－通過 雙縫
預料結果：粒子行為
實際結果：波的行為
區別在於是否有人的「意識」介入
量子糾纏現象
分子 AB
分於 A
分於 B
幾千公里，可同時轉換
意識讓波的狀態轉化為粒子，我們看到的世界
所有粒子都具波粒二象性特徵
宇宙中只有你的世界，沒有所謂「絕對客觀的世界」
萬物皆以某種方式連接著

導讀思維構圖

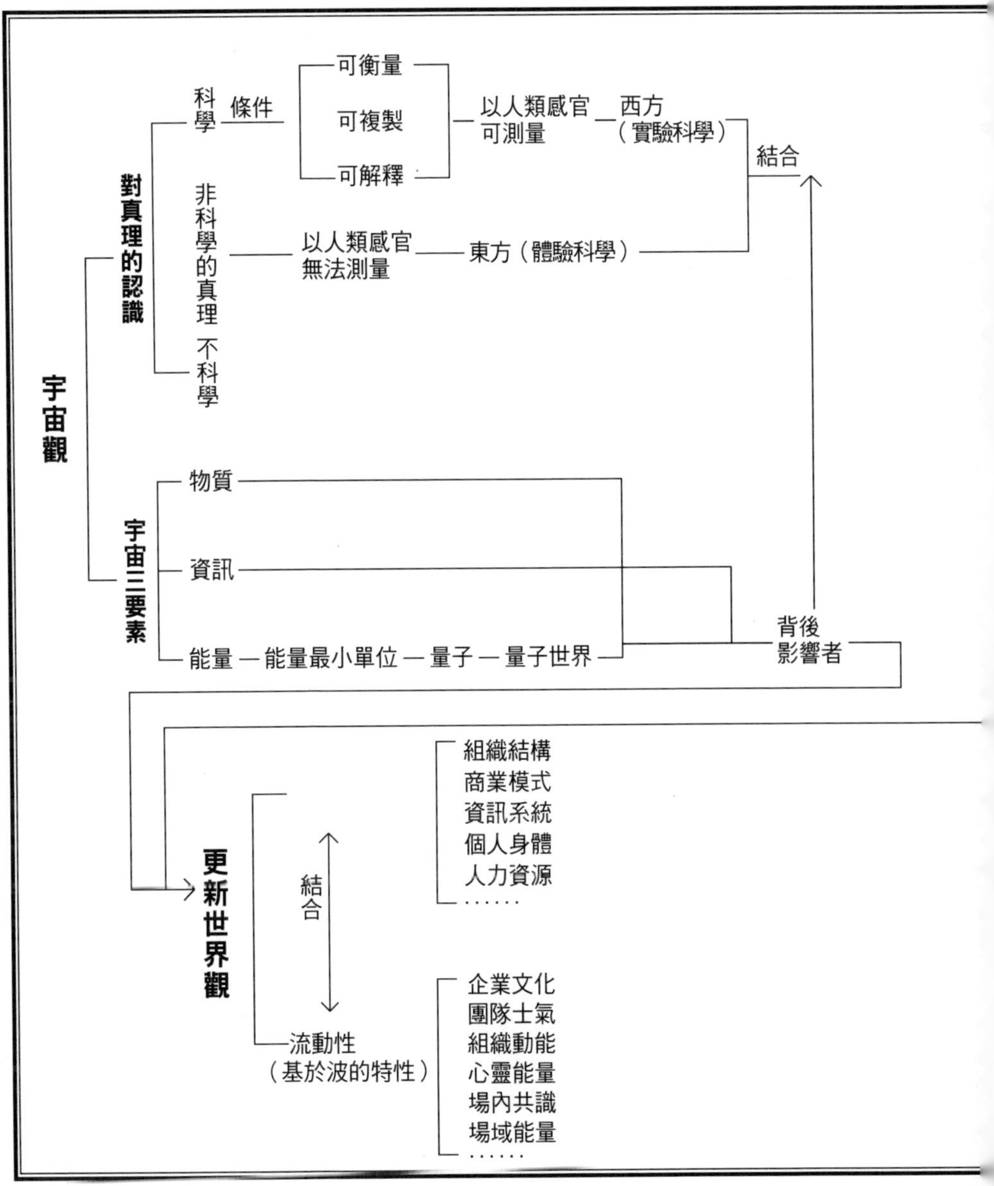
宇宙觀
對真理的認識
科學
條件
可衡量
可複製
可解釋
以人類感官可測量
西方（實驗科學）
結合
非科學的真理
以人類感官無法測量
東方（體驗科學）
不科學
宇宙三要素
物質
資訊
能量
能量最小單位
量子
量子世界
背後影響者
更新世界觀
結合
組織結構
商業模式
資訊系統
個人身體
人力資源
……
流動性（基於波的特性）
企業文化
團隊士氣
組織動能
心靈能量
場內共識
場域能量
……

第3章

運用量子領導力，先改變生命觀和人生觀

我們由量子力學的雙縫實驗已經理解到波粒二象性，認識到意識崩塌了物質的波狀態成為粒子。所有的生命也以物質成分為基礎，自然也呈現這種二象性。量子理論之父馬克斯·普朗克在一九一八年獲得諾貝爾物理學獎，他研究量子物理之後感嘆：「我對原子的研究最後的結論是，世界上根本沒有物質這個東西，物質是由快速振動的量子組成！」他進而剖析：「所有物質都是來源於一股令原子運動和維持緊密一體的力量，我們必須認定這個力量的背後是意識和心智，心識是一切物質的基礎。」

普朗克提出的 E=hf 中也說明能量與頻率成正比，而頻率就成為了我們可以判斷萬物的統一特性。振動頻率低的成為有形物質，如看得到的人體、桌子、椅子、石頭等；振動頻率高的就成為無形的「東西」，如人的思想、感覺和意識。因此以量子力學為基礎所看到的生命將會是由能量、頻率和意識為主導的組成。

量子科學的發現，不只在物理領域，將會影響未來大多數的學科。縱觀各學科之間的關係，物理學是化學的基礎，化學是生物學的基礎，生物學是醫學與心理學的基礎，而心理學、腦科學則是社會學、管理學與領導學的基礎。而如今我們發現意識是影響物質最底層的基礎，改變了物質的能量狀態。所以這個對意識參與改變物質世界的認識，將對於其他學科進而整個世界的改變趨勢只是時間與節奏的問題了。越早看到這個趨勢的人，也越早能迎接這新的機會。

管理科學、領導藝術的領域是下一步要被「量子力學」更新和衝擊的。這樣巨大的改變剛剛開始，有機會得知，能夠相信、理解的人有限；各位可能是全世界百萬分之一的人提前認知的，應該感到慶幸。

回顧一下，量子世界觀第一個就是「意識」的作用，認識到原來意識有這麼強大的力量，它在整個世界和宇宙間，是物質形成之前和之後關鍵的因素。第二是波粒二象性，宇宙間所有的物質原來是具有波粒二象性的。第三就是能量與頻率的關係，如果我們想要調高能量，就調高頻率。第四是萬物皆連接，萬物是經由波的狀態與能量的頻率連接在一起的。

所以經由量子世界觀，我們將看到生命不再只是一個由細胞（物質）組成器官，器官再組合成的生命的物質。除了身體（物質），生命含有由意識與能量組合而成的能量體。這也就是為何西醫藉由屍體解剖學永遠無法找到中醫說的「氣」。因此看待生命及人生的世界，我們需要有能穿透感官可測量，可感知的層面，進入底層的能量運作去探討，才能看清楚，也才能形成真正的量子生命觀。而這個底層的生命觀自然也會影響我們對於人際間互動領導力的理解與探索了。

1 帶得動人，得先瞭解因果的三層結構

《心靈能量》（*Power vs Force*）作者大衛．霍金斯博士（David R. Hawkins, M.D., Ph.D.）歷時三十年的研究與實證。他本身就對靈性能量很敏感，從小就有很多靈性的覺知與體驗。他主修西醫，聽說也略學中醫，是精神醫學博士。他運用科學方法得到許多關於心靈與身體、行為方面的發現。結合了行為肌肉動力學中的肌肉測試、混沌理論、量子物理與靈修體驗，發現一般人們很容易被現象界──五官（眼、耳、鼻、舌、身）接觸的現象──所騙，看不到背後真正驅動的力量。結合混沌理論與肌肉測試，大量的研究說明很多事件的底層，有某些力量在驅動。

舉例來說，當A、B、C三個事件，順應線性的時間軸一件一件發生，實際上在底層ABC這個關聯模式因素似乎早已存在。也就是說，表面上這幾件事情，發生在時間上是有次序的，但就發生的模式而言，一開始就是已經由底層關係的因素所注定；粗淺的理解就是「因果關係」。正如一家創業公司的基因是創始人的動機與領導力優勢，如果動機偏差，

企業可能有一時的成果，最終也會因為團隊內部不合，或無法在市場上競爭而退出市場。

從事件來看，似乎有創始—成長—衰退，A—B—C三個事件，但如果分析創業基因，這個歷程與結局早就注定了。我從事創業輔導多年，已經學會如何一開始就判斷創業基因，以避免投資失敗。從混沌理論來看，在大量事件與數據中，看似混沌無序、無關的事件，底層其實有一個東西在驅動，稱為「吸引子」（Attractor）模式；要是能找到這些吸引子，就會發現，原來這些看似無序的現象背後還是有序的。

著名的「蝴蝶效應」，是在亞馬遜森林裡的一隻蝴蝶拍動翅膀，引發了美國德州的颶風與華爾街的股市騷動，例子雖然有點誇張，但背後是在說明這多層複雜現象背後是有關係的。大衛．霍金斯博士就是運用混沌理論與肌肉測試的方法，大量在世界各地實驗採樣，找出人類行為與狀態和底層心靈能量的關係。而這個心靈能量的啟動就在你我的潛意識，在你的底層意識已經存在有的狀態。

例如，你有一個機會公開演講，如果過去有不好的經驗或內心認為自己不會演講，潛意識裡有了恐懼的念頭，就決定了你是在恐懼的能量層級，那個內心的能量狀態，就已經決定了你的表現。不過如果你意識覺察到了，並且決定用更高的能量層級來面對這件事，你的表現就會不同。

所以為了更簡化我們分析各種場景，找到根源和本質，我們可以把所有現象的觀察簡化為「三層結構」：

第一層結構是「現象層」，一般可以觀察到、感受到、記錄到的層次。前文所說的創業者或經營者的例子。表面上工作很努力，很勤奮積極；當他面臨一些重要決策，譬如面對競爭對手超越自己時會是什麼反應？是否製作一些假資料來獲得投資人的資金投資？是否接受客戶對於不滿意的服務退款？……就會反映他內心下一層的驅力。

因為驅動這些現象的發生是有一個底層的因素與力量，我們稱為「因力層」的結構。是因與力在推動上層的現象事件的發生。如果他的底層意識是處在恐懼的狀態，就很容易讓他退縮、不作為。如果是基於驕傲的意識狀態就會反擊，不顧一切地去維持尊嚴或面子。所以同樣的處境，不同的底層意識就會造成不同的思考，進而形成不同的決策與反應。

而最底層是有一個「核心層」，驅動「因力」最底層的核心的那一部分，也是一般我們說的圓心、「如如不動」的部分。就人的心理而言，就是當你的心靈能夠安靜下來時，那種高度清明與寧靜狀態，會看到一切的變化與可能性。那個絕對的寧靜也就是無限可能性的來源。一般人要是沒有深度冥想與禪定經驗，不容易體會與理解，就先瞭解它在我們生命底層的存在就好。

這三層就形成了一個扇形的結構。現象層是我們每日經由我們的感官所經歷的一切，千變萬化，無數呈現；因力層是少數幾個「因素」或混沌理論裡說的「吸引子」驅動著現象在演化的力量與機制；而更底層的核心層是如如不動卻又演化所有可能性源頭的存在。用這三層結構去看、去分析這個世界和事件，我們就比較容易找到真正驅動這件事底層的因與力。所以，當我們在看到一些現象是我們不如意或想改變的，就可以到下一層去探索驅動的因與力。譬如你的團隊一直無法達成公司訂的業績目標，發現團隊其實都很努力，但有些人可以達成個人目標，有些人就是落後，那麼就要進一步探索背後的原因。個別談話後發現，雖然每個人都有足夠的產品與銷售的培訓，但那些無法達成目標的人內心是有些恐懼，面對客戶的拒絕後就退縮，無法自信回應客戶提出的挑戰和需求。所以一樣的資源和知識，不一樣的意識能量狀態，才是底層的因力。

在大衛・霍金斯的研究裡特別強調：所有可見的事件現象都只是「果」的呈現，真正的「因」是無法用肉眼看到的。「能量」能看到嗎？看不到。意識能量層級可以看到嗎？看不到。心理學界稱這都屬於潛意識，而我們研究領導力就想要更清晰地探討真正驅動我們行為與狀態的能量與力量。用這三層結構去觀察現象世界，更能夠簡單地看到真相。

我們要一層一層地剝開來進行分析，領導也好、管理也好，真正影響人們行為的關鍵力量在哪裡？我們要瞭解「因力層」和「現象層」之間是如何運作的。

2 心靈能量層級，決定你影響人的方式

大衛・霍金斯博士運用肌肉測試在世界各地針對成千上萬人，前後進行了超過百萬次的實驗與測試，發現「意識本身會形成的能量場模式，與個人的身分、背景、信念系統、思想、邏輯都無關；受測者對於某個吸引子場域做出的反應是全球性一致的」。他進一步推論說：「我們可以憑直覺知道有個巨大的強力吸引子場域組織著所有的人類行為，讓這些行為成為人性的固有特質。在這個巨大的吸引子場域中，存在著能量與強度漸次降低的一些循序式場域。這些場域反過來支配著行為，因此可定義的模式在人類歷史上的任何文化或時間點都是一致的。」

因此他就利用超過百萬次大量的研究，梳理出人類探索史上這神祕未知的領域中一份意識能量場的實用地圖。整理出人類具有層次的意識與能量層級之間的穩定關係。這就是如左頁圖所示的「人類意識能量層級分布圖」。

我們的底層意識會產生一種頻率，而這個頻率會形成一個能量層級。我們面對一起事件

QUANTUM LEADERSHIP 量子領導力®

MAP OF THE SCALE OF CONSCIOUSNESS 人類意識能量層級分布圖

God-view 神的視角 自己認為神是如何看的	Life-view 生命視角 自己認為生命是如何的	Level 意識層級 底層動機的意識能量層級	動向	log 能量層級 能量層級的對數值	Emotion 情緒感受/表現 對應的情緒感受或表現	Process 轉化過程 思想心行的轉化
self 真我	Is 存在	Enlightenment 開悟	↑	700-1000	Ineffable 妙不可言	Pure Consciousness 純意識
All-Being 一切存有	Perfect 完美	Peace 平和	↑	600	Bliss 極樂	Illumination 啟發
One 一體	Complete 完整	Joy 喜悅	↑	540	Serenity 寧靜	Transfiguration 轉化
Loving 充滿愛	Benign 慈愛	Love 愛	↑ 源	500	Reverence 尊敬	Revelation 啟示
Wise 智慧	Meaningful 意義	Reason 明智	↑ 能	400	Understanding 理解	Abstraction 抽象
Merciful 仁慈	Harmonious 和諧	Acceptance 寬容	↑ &	350	Forgiveness 寬恕	Transcendence 超越
Inspiring 鼓舞	Hopeful 有希望	Willingness 主動	↑ 動	310	Optimism 樂觀	Intention 意圖
Enabling 賦能	Satisfactory 滿意	Neutrality 淡定	↑ 力	250	Trust 信任	Release 釋放
Permitting 許可	Feasible 可行	Courage 勇氣	↕	200	Affirmation 肯定	Empowerment 賦權
Indifferent 無動於衷	Demanding 苛求	Pride 驕傲	↓ 壓	175	Scorn 輕蔑	Inflation 膨脹
Vengeful 報復	Antagonistic 敵對	Anger 憤怒	↓ 力	150	Hate 憎恨	Aggression 侵略
Denying 否認	Disappointing 失望	Desire 欲望	↓ &	125	Craving 渴求	Enslavement 被奴役
Punitive 懲罰	Frightening 驚恐	Fear 恐懼	↓ 抗	100	Anxiety 憂慮	Withdrawal 退縮
Disdainful 藐視	Tragic 悲劇	Grief 悲傷	↓ 拒	75	Regret 遺憾	Despondency 消沉
Condemning 譴責	Hopeless 絕望	Apathy 冷漠	↓	50	Despair 絕望	Abdication 放棄
Vindictive 忌恨	Evil 惡毒	Guilt 內疚	↓	30	Blame 責備	Destruction 毀壞
Despising 憤世	Miserable 悲慘	Shame 羞愧	↓	20	Humiliation 羞辱	Elimination 消滅

資料來源：《心靈能量》- 大衛．霍金斯博士

2019年4月版

之後，會有一個想法和感受。比如說你跟老闆見面，他責怪你，說你上週做的事情他很不滿意，你全身繃緊，因為擔心這會帶來什麼樣的後果，你會有緊張的感受。「關於上週做的事情……」你就開始做很多辯解。辯解之後，老闆說不認同，之後你可能就開始對老闆的看法不同了。這樣的改變是經由能量層級到感受、到思維、再到行動或反應的一條路徑。

這一次的經歷之後，讓你下一次再進老闆辦公室時，就會不由自主感到緊張。我今天並沒有做錯什麼事，但身體就會不由自主的緊張；老闆問你怎麼了，你可能就會緊張地說不出話來。你會發現，過去的經驗在身體產生了記憶，不需要經過思考，身體自動產生了行動和反應。

所以說我們的身心，實際上是有兩條路徑在運作，一是經由我們的思維，二是經由身體的記憶與感受，頭腦都來不及思考，已經有反應了。所以這兩條路徑都會啟動我們身體的反應和行動。而這兩條路徑都有一個共同的底層因素，那就是意識能量層級。

我經常要問創業的人「你為什麼要創業？」有八〇%的人會說希望有一筆財富，可以讓家裡人過得更好，這是欲望的意識層級。希望能證明自己的存在價值，能比別人更強，有一個令人尊敬的成就，這是驕傲的意識層級。如果說我從小過著貧困的日子，再也不想過那樣的日子了，這是恐懼的意識層級。如果是說我老爸從小就說我以後不會有出息，同學瞧不起我，我一定要證明給他們看，這個是來自憤怒的意識層級。

所以從意識層級來講，我們過去的教育、整個資本主義的動機是來自能量層級一〇〇至一七五這一區塊。股票市場常說，推動市場的兩個最主要的動力，一個是「貪婪」，一個是「恐懼」，就是在這個意識層級裡。所以，大多數的商業活動也都是在這個層級裡運作的。

接下來，我們就要學習怎麼讀懂「人類的意識能量層級表」。

表中的「意識層級」代表我們的底層動機或初發心，這個動機心態貫穿了我們現象界好幾個不同的領域。二十世紀推動世界進步最大的是資本主義，中國過去改革開放的幾十年，也是基於市場經濟激發個人追求物質豐富的力量在推動。從這個意識能量層級表來看，推動這些物質文明進步的能量層級大多是以驕傲、憤怒、欲望、恐懼為主的。

二十一世紀開始，就有很多更高能量層級的理念在社會上、國際上推動著，譬如永續發展的事業（Sustainable Business and Society）、企業社會責任（CSR）、社會企業（Social Enterprise）。所謂的社會企業就是一個企業不以追求企業利潤最大化為目的，而是在合理的回報下創造社會價值最大化。這樣的意識能量層級到了「淡定、主動、寬容」的領域，從一開始根本的動機就不同了。而很多宗教、靈修、修行，追求心靈的自在與真理，是在「愛、喜悅、和平」的能量層級。所以社會上的不同現象，從這個表就可以找到對應底層動機的能量層級。

我們也可以拿這張表對照生活上的事物，因為萬物都的不同都是反映頻率的不同。首先，我們看「音樂」，一切都是頻率，所以「音樂」是我們調整「頻率」很好的資源。而音樂本身也有不同的能量層級，你喜歡的音樂可能就是與你比較同頻的。如果你喜歡聽金屬音樂，那你的能量層級可能比較在「恐懼」層級；流行歌曲大部分是在「驕傲、憤怒和欲望」層級；古典音樂或一些心靈音樂，可以撫慰你悲傷的心情，我們稱為療癒音樂，就會在比較高的能量層級。

接著看資訊。有很多的資訊，像八卦新聞、杜雷斯的廣告都在欲望這個層級；很多商業知識、股票投資課程，熱門電影也大多在「欲望一二五至驕傲一七五」的能量層級；像《零極限》、《心靈能量》等書在「四〇〇至五〇〇屬於愛和明智」層級。宗教經典是在更高的能量層級。所以不同的資訊有著不同的頻率，不同的能量層級。當你接觸這些資訊，閱讀它，即使你不完全懂，你的頻率也會和它比較接近。

人物也是，大家都很懷念的賈伯斯在被蘋果請出去之前和重回蘋果之後，幾乎是完全不同的兩個能量層級的狀態。我們讀他的傳記，發現他創業到離開前大多處在「驕傲一七五」和「憤怒一五〇」的意識層級，所以大家對他又愛又恨；欣賞他的天才，卻又痛恨他那種不尊重別人的尊嚴、不顧別人的感受、自私地為所欲為的領導風格。所以當最關鍵時刻，董事會要聽管理團隊的選擇時，大家都不約而同地唾棄他，選擇一個才華與眼光都不如他的人來領導。雖然這個選擇幾乎把蘋果公司置於死地，卻讓我們活生生地看到領導力的重要性。即使你是天才擁有舉世無雙的才華，但是當你缺少領導力，用充滿著負能量的方式來領導時，也會招團隊唾棄的。可是等到賈伯斯重回蘋果之後，他的自省和修練成熟後整個人的能量狀態則提升到「淡定二五〇和主動三一〇」的意識能量層級了。

巴菲特是一個很有智慧和愛心的投資家，不止個人捐出大部分財富做公益，也大力呼籲億萬富翁企業家們捐出超過一半的財富做公益，從他的書中所透漏的思想與決策，基本多在意識能量層級「明智四〇〇至愛五〇〇」之間，所以他為什麼可以比一般市場上的投資人得到更高的報酬，更大的成功呢？原因是當整個市場都是在以「恐懼一〇〇至欲望一二五」、「驕傲一七五」的負能量狀態在做投資決策，而他能以更高的意識能量層級去面對市場，他不受「恐懼、貪婪」的驅力操弄，他的能量層級駕馭在整體股票市場之上，才會有如此不凡的成就。

在不同的意識能量層級就像站在不同高度俯視世界，如果能以高頻率的正能量來看透並決策，自然會有更好的成果。可見意識能量層級對於一個人的成就可以有多大的影響。再更高層級的話，就是一些開悟聖人、宗教大師，已經進入到六〇〇、七〇〇以上，我們稱為「開悟」的意識能量層級。

用這張表能幫助我們在接觸世界各個不同層面的音樂、資訊、人物時，進行簡單對照。使用這個表時，要留意能量層級裡的數目，是以十位底數的對數關係，所以「一〇〇」和「二〇〇」之間不是一個倍數的關係，它是一個指數的關係，其頻率的倍數超乎我們頭腦能想像的，但我們如果用身心去感受，是不難感受到不同能量層級的能量狀態。

3 帶人前，先領導自己的意識能量層級

再回到領導人的場景，我們知道所有的決策、判斷與行為都取決於我們對事物的看法。覺得這個人很好就聘請他；今天覺得形勢大好，就多投資一點……我們對形勢的看法，我們對人的看法，我們對生意的看法；我們對很多事物都有特定的看法，這些看法關係著我們的決策、行為跟我們的判斷。但你知道是什麼在決定我們的看法嗎？

今天經由量子的世界觀，我們已經認識到了：沒有一個絕對客觀的存在！今天的世界局勢是不是有些人認為很好，有些人認為不好。股票市場也就是這樣的，為什麼會漲跌，有人認為這張股票現在該賣，有人認為這張股票現在該買，所以這張股票到底是好，還是不好？取決於我們的看法。有了這樣的認識，下一個問題就很重要了，是什麼在影響我們的看法？

從心靈能量的研究和我們自身的經驗發現，原來是意識能量層級在決定我們的看法。同樣一件事情，在不同的能量層級下會有不同的看法。比如說，你在「勇氣二〇〇」的層級時，會認為一切都源於我，我要直面它，我要為此負責。「主動三一〇」是不止看到這個意

義，而且是願意主動來影響周遭的世界。除了自己在「淡定二五〇」，我們還願意把自己額外的能量分享出來幫助更多人，讓這個世界變得更好。如果是在「寬容三五〇」層級，你就會認為「一切的發生都是最好的安排」；到了「明智四〇〇」這個意識能量層級，你會認為「宇宙總是在遵循一個平衡的規律，整個事情的發生不僅是最好的安排，而且背後是有一個值得學習的資訊」；到了「愛五〇〇」的意識能量層級時，你會看到，祈願人人都能離苦得樂是最快樂的事，你會繞過理性的分析，直接看到整體。愛的能量會讓你因為看到別人的美好而感到真心的喜悅。

在網路上有一支影片，有一隻鳥中暑，跌在地上，牠的伴侶一直幫牠做「鳥工呼吸」，最後把牠救活了，旁觀的人都高興地鼓掌。你會關注到，不止是人，動物也是，都會希望幫助同伴能夠離苦得樂，因為那是生命的基本動能。如果你到了「喜悅五四〇」的意識能量層級，你會覺得隨時隨地都活在一切都是那麼美好的狀態。當你達到「平和寧靜六〇〇」，就到了佛陀所說的涅槃寂靜，無生無滅的意識能量狀態。那時你更會看到世界的一切煩惱痛苦都是人類自己創造的，一切的煩惱生滅都是來自我們意識的創造。如果你到了「開悟七〇〇」以上呢？那時的生命意識已經不再局限在「小我」，而是完整地融入「大我」裡面，與宇宙整體相融合，屬於非二元對立的境界了。因為頭腦的思維是基於二元數位的，所以一般人很難用思維去理解這個境界，所以只能說是「妙不可言、不可思議」的狀態。

所以，當你發現你的意識能量層級會決定你對事物的看法，你的看法又決定你的決策、語言和行為時，那麼你要關注的點是否要調整了？如果要成為領導人，去影響一群人之前，我們要先學會領導自己，領導自己什麼呢？領導自己的「意識能量層級」。我們對一件事情很生氣，在罵人時，要先回來看看，自己是基於什麼動機在罵人，是源自於公司的財務壓力、業務不足的恐懼，還是希望他們做的更好？是基於「欲望一二五」、「恐懼一〇〇」還是「愛五〇〇」呢？要能警覺地回頭看到自己動機的意識層級，是根據什麼意識層級來決定自己的反應和行為？

所以這張能量層級表的作用：一方面是你的「鏡子」，另一方面是你的「尺」。

反之，如果你是處在「勇氣二〇〇」以下的層級，例如在「驕傲一七五」層級，你會想要「我要改變世界，因為我要證明我比別人強」。你的存在感來自與外在別人的比較和肯定，因此也會產生自大與否認，可能否認別人，也會否認自己。它跟「主動三一〇」有什麼差別？「主動三一〇」的意識層級，「是希望世界因我更美好，一切來自於我，不需要和別人比較」，不會在乎外在看起來自己的角色是高或低，只是做一個對美好社會的建設者和貢獻者。也就是同樣一件事，「改變世界」，換個不同的底層動機就是不同的能量層級，所產生的頻率與能量就會不同。那「憤怒一五〇」的層級，你會覺得世界沒有公平，只有鬥爭才可以生存。

賈伯斯就是最好的領導力案例。他一生的事業背後的推動力都是「活著就為改變世界」。他說服百事可樂前總裁約翰．史考利（John Sculley）來加入蘋果時的一句話就是：「你要繼續一輩子賣糖水呢，還是要和我們一起來改變世界？」就是這句話感動了他，放棄了他駕輕就熟的事業，加入蘋果。正如前面的分析，同樣的「改變世界」的動機，如果他帶著的是「驕傲一七五」和「憤怒一五〇」的意識層級，他就會瞧不起周邊的人，最後甚至瞧不起他親自邀請加入蘋果的史考利，並帶著「憤怒一五〇」的意識要與他決鬥，造成整個企業與個人的兩敗俱傷。「憤怒一五〇」是極具破壞性的能量。幸虧，賈伯斯的禪修讓他具有深度，敏銳與高維創新的能力，但當他作為領導人在面臨與人交流、互動，經常產生的負面情緒與能量時，正如他在自傳裡面說的：「我知道這樣不好，可是無法控制我的情緒與行為。」

如果你在「恐懼一〇〇」層級，會覺得世界到處都是風險；在「悲傷七五」時，會覺得做人好可憐，每天為了三餐，含辛茹苦。在「冷漠五〇」的層級下，會覺得世界上沒有一個好人，我和他人沒有關係；在「內疚三〇」的層級，就會覺得大家都瞧不起我、我沒有用，我不配得；在「羞愧二〇」的層級下，會覺得我活著還有什麼意義呢？羞愧是意識能量裡面最低的一級，也是最接近死亡的能量，很多人的自殺都是基於「羞愧二〇」的意識能量。歷史上最有名的例子就是項羽。曾經是叱吒風雲的西楚霸王，就一個「無顏見江東父老」的羞愧意識能量，就可以讓他結束自己的生命。所以我們一定要特別小心，不要陷入「羞愧二〇」的意識能量中。

人類在歷史的進程中，為什麼會發生兩次世界大戰？那時候人類集體潛意識相信：弱肉強食，整個世界就是一個叢林生存法則，只有鬥爭才可以生存。這是處在「憤怒一五〇」或「欲望一二五」的意識能量層級裡面，人們相信弱肉強食，只有「搶奪」，才能得到。人類在這個意識能量層級下，運用這樣的法則彼此鬥爭。經過兩次世界大戰之後，大家終於覺醒了、集體意識到，透過這種方法，沒有人可以得到勝利。所以，人類是經過這些慘痛的經歷，真實的體悟到「我們都錯了」，因為那時我們的意識能量層級都太低了，都是在「勇氣二〇〇」以下的。

所以，處在不同的意識能量層級，會影響你對整個世界與生命的看法。這個世界到底真實是什麼？沒有絕對的真實，只有你的看法，甚至你的看法也不是可靠的，因為你對事務的看法還取決於你當時的意識能量層級。

根據大衛．霍金斯博士的觀察研究，一個人在出生時即有了初始的意識能量等級，然而一般人一生的意識能量層級大概平均只提升了五分左右。除非進行刻意的修練，否則這是一個非常可憐的進化速度。世界人口中八五%的人口測定值都低於「勇氣二〇〇」這個重要的臨界值。也就是大部分的人價值取向都是「由外而內」的，需要藉由外面世界的金錢、物質、名分、地位，關係來滿足自己的需求，才能肯定自己；因此也經常因為外面事務的變化而升起痛苦與煩惱，被負面的意識能量所驅動。

二十一世紀的今日，人類總體意識能量等級才跨越了這個臨界值，達到「二〇七」。感謝「因為接近頂端等級的那些相對稀少的『高能量人』所釋放的強大能量，抵消了廣大底端等級人口的虛弱無力，才達到這個總平均值」，大衛博士這麼說明。

我們可以確定的是，經由修練「人的意識能夠分辨任何能量的改變，達到對數 Log 10——無限大的程度。這表示全宇宙沒有任何事物是意識細膩的敏感度無法偵測的。人類思想的能量雖然非常精微，卻絕對是可以測量的。」一個愛的念頭是（十的負三千五百萬方微瓦）與恐懼的念頭（十的負七億五千萬方微瓦），在力量上的差距的倍數巨大到超乎人類想像力所能理解的地步。*

不過可以確知的是，一整天裡只要有一點愛的念頭，也遠遠足夠抵消我們所有的負面念頭。因此修練意識能量，不止可以提升自身的智慧與能力，更是我們對於這個世界整體能量場最好的貢獻！

這就可以幫助我們理解，歷史上印度脫離大英帝國統治的獨立過程中，聖雄甘地如何能以一人之力，沒有軍隊、沒有組織、沒有任何頭銜與職位，只是懷抱著對人類無私的愛，影響了全印度；以「非暴力、不合作」的原則，不止對抗了大英帝國的強大武力與政權，兩國和平轉移權力，大英帝國主動退出印度，更平息了國內印度教與回教徒之間長久積累的仇恨與衝突。原來，一個高能量層級「平和六〇〇」以上的心識能量，可以抵消一千萬個「勇氣二〇〇」層級以下的人的負能量！甘地所展現的成果，正是心靈能量與物質外力對峙下，呈現強大力量的最佳寫照。

因此，經由本章的討論，我們在探索的量子生命觀與人生觀，可以簡單總結如下：

＊ Force vs Power，《心靈能量》，大衛．霍金斯，頁二九三—二九四。

量子生命觀的關鍵更新

能量場：人不只是一個由細胞組合成的身體，更是一個經由意識所主導的能量場。

意識頻率：能量場不受空間所限，依意識決定頻率，依頻率決定能量之高低。

能量層級：能量以層級的結構呈現，生命能量高層級意識能量會自然地影響較低層級的能量。

能量決定看法：底層動機會決定頻率，而頻率決定能量，能量層級則決定看法，看法形成決策與行為。所以生命中很多的決策是由心中底層的動機暗中決定的，頭腦的表層意識並不一定覺察的到。

量子人生觀的關鍵更新

意識能量：每個思想、語言、行為底層都是意識能量，因此，修練意識能量的提升才是根本。

生命進化：人類的心靈具有覺察當下自我生命意識能量狀態的能力，促使生命品質不斷進化。

向內關注：當意識向外尋求滿足時就形成負的能量（低於勇氣二〇〇），負能量具有向下螺旋的驅力，像漩渦一般；當意識開始對內追求，以由內而外的取向時。就形成正的能量（高於等於勇氣二〇〇），具有向上螺旋的驅力，像龍捲風一般影響外界事務向上提升。

立己利人：人生的意義在於藉由向內提升能量層級，提高自身生命的能量品質，進而利益他人（基於愛的動機），利益整體能量場。

讀後觀想

1. 把能量層級表留在你手機方便找的地方，每天至少三次（至少在工作、家人一起、自己獨處三種場景）檢測一下自己的能量狀態與底層動機。
2. 找出最近一件讓你感到無力的事件，然後看看那時你是在什麼能量層級？現在希望用什麼樣的能量層級去看待這個問題。然後用你的新能量層級去看待這件事，會得出什麼看法？

- 更新的量子生命觀
  - 能量場：人經由意識主導形成能量場
  - 意識頻率：意識決定頻率，頻率決定能量
  - 能量級量：高能量影響低能量
  - 能量級量：高能量影響低能量
  - 能量決定看法：底層動機決定頻率，
    頻率決定能量，
    能量層級決定看法，
    看法形成決策與行為。
- ↓
- 更新的量子人生觀
  - 意識能量：思想、行為、語言底層均為意識能量
  - 生命進化：當下的自我察覺
  - 取向決定能量方向：
    - 由內而外：正能量
    - 由外而內：負能量
  - 利人利己：借由向內提升，提高生命能量

導讀思維構圖

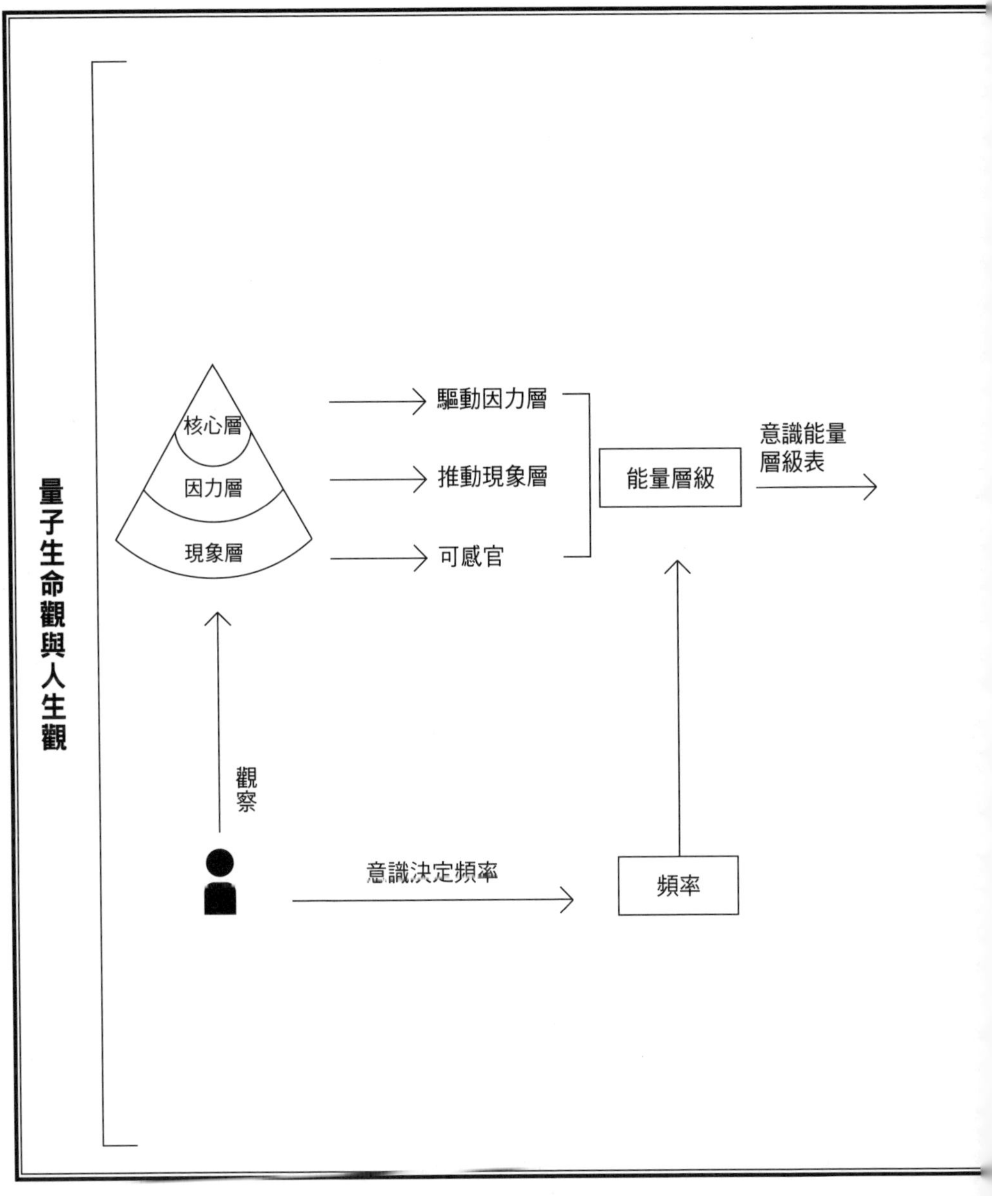
量子生命觀與人生觀
核心層
因力層
現象層
驅動因力層
推動現象層
可感官
能量層級
意識能量
層級表
觀察
意識決定頻率
頻率

第 4 章

翻新領導方式，才能帶得動新世代

當時代進入二十一世紀，整個世界有了很大的變化，而這些變化也由外在環境的改變，進入人心內在需求的改變，進而對於新時代領導力的期望也有了改變。這些改變，迫使領導人意識到必須以更新的世界觀與能力，才能順暢地繼續領導新時代的團隊與跟隨者。

自九〇年代開始對世界影響最大的一項因素應該就是網際網路了。從一開始只是軍方、學術界使用的網絡技術到進入商業界，然後滲透到每個人的工作與生活。而二十一世紀一開始推出的 iPhone 與所有智慧手機，更是掀起了一個由資訊、社群、娛樂、金融到生活中無孔不入的革命。

人們開始擁有了極為豐富的資訊，瞬間可以搜索到心中燃起的任何知識性的問題所需要的答案。生活中充滿著無數可能的選項，從購物、學習、交友、旅行、找工作、兼職，甚至談戀愛、找伴侶。而且整個市場，社會變化的速度，隨著網路無遠弗屆，以及無孔不入的普及，更是逐日地在加速互聯網這個因果加速器，不知不覺中為每個人在這個時代帶來了幾個改變：

更多的選擇

這個加速的過程提供每一個人作為不同的角色，有了更多的資訊與選擇。身為消費者，可以在彈指間從眾多的商家中選擇無數的商品；身為工作者，很容易在不同的平台與充分的資訊下，選擇最理想的工作；甚至身為一個自由職業者也可以借由網上的學習獲取多元的專業，提供服務，成為新時代的「斜槓青年」（擁有很多不同專長、頭銜、身分、收入來源，需要用斜槓／來區分的青年）。

更自由的意識

除了自由的選擇，人們的思想與行為也更加自由。尤其在中國，從過去的嚴格控制到如今相對開放的網上言論空間，更多的國際旅行經驗與來自世界各地的資訊，帶來了更多追求自由的意識。

更平等的意識

近幾年，華人社會因為九〇後開始走出校園，進入社會，逐步成為消費與工作的重要角色，大家多關注九〇後的各種獨特的變化。很多人誤以為九〇後就像以前七〇後，進入八〇後一般，只是世代的交替，但我認為在九〇後和九〇前的所有世代有著截然的不同。他們代表的是網際網路前和網際網路後世代的差異。網際網路前的世代的資訊來源相對比較一致；九〇後的人基本上是喝著網際網路奶水長大的，在思想的發展上相對較為多元與平等；要求的平等意識較強，對於權威不再那麼順服與恐懼。

更個體化的追求

過往在「標準化」的社會價值觀與教育體制下，人們視差異為怪異，帶著有色批判的眼光，也壓抑了大多數人追求個體化的渴望；人們必須靠著買名牌包，開豪華車來顯擺其尊貴。當人們由網絡得來的大量資訊學習到獨特，創新的個體本身就可以獲得認同與肯定，因此新世代的九〇後就更自信，更大膽地追求個體化的突出。

量子是能量的最小單位，個人是社會與組織的最小單位，新時代的人類行為與生活趨勢都趨向於個體化、個性化，因此，除了新量子時代帶來世界觀、生命觀的衝擊，新世代的新人類對心目中願意追隨的新領導也會有不同的期望。這對於領導人是一種挑戰，因此我們會聽到很多領導人經常抱怨，「現在的年輕人，不懂得吃苦，不懂得感恩，想當年我們那個時代老闆給我們工作機會，我們就很感激啦！現在他們還會挑三揀四，竟然還有些工作不願意做的！」

然而這對於我們這些九〇前世代的領導人也是一個學習與突破的機會，時代只會越來越往自由開放、平等互惠、族群微分的趨勢推進；認識到這個差距，迫使我們必須要升級意識底層的「作業系統」，否則就無法繼續成功地面對未來的時代了！

1 當舊典範不適用時，管理必須轉型

思維典範（Paradigm）是指我們在某個領域中形成的一套價值假設的模式框架，這些假設在我們無意識下，局限我們的看法與想法。這樣的假設模式給我們思考與溝通上的方便，平常我們並不自覺是受到局限，只有到了當這些假設不再適用，面臨很多的挫敗，不順利或約束了我們的發展時，才會被提出來檢討。當我們發現了舊典範不適用，開始進行改變，建立新典範時，這個過程就會帶來大面積，大程度的改變；而這種轉變的趨勢我們會稱為「典範轉移」（Paradigm Shift）。

大家可能都還記得諾基亞（Nokia）手機，在全球曾經連續十幾年市占率第一，可說是絕對領先。但當蘋果的 iPhone 及後來智慧型手機的浪潮一來，不到幾年的時間就被迫完全退出市場！在公司面臨倒閉被微軟收購會上，諾基亞的前CEO說了一句名言：「我們不知道做錯了什麼，但事實證明我們一定是做錯了！」

這就是留在舊典範中人的最佳寫照。因為他們的思維留在舊的典範中，在那個典範中一切「對的思考」，其實都已經是錯了，「只是我們不知道錯在哪裡」。錯就錯在被一組錯誤的假設框死了。因此身為領導人，要引領一群人跟隨著你的方向前進，對於自己所依賴的「思維典範」一定要很警覺，否則後果就會像這位CEO的感嘆一樣，「我們不知道做錯了什麼。」

量子物理的啟示及網際網路時代帶來的衝擊，對於組織與領導將會需要有新的典範來重新認識這個世界。下表可以簡單的對照說明，舊的典範主要是基於牛頓與粒子的世界觀，我們對於環境的看法基本是以牛頓機械論，認為世界是可以以幾個規則和方程式來預測的，環境的變化是可以控制的，地球只是一個沒有生命可以開採的物質資源。（見下頁表）

在新典範中，我們瞭解宇宙的物質底層是能量波，大自然是有生命的，混沌的現象背後自然有序，但用原來的粒子觀去解讀卻是不可控制、難以預測的。因此我們要能隨著自然，自我進化，以適應環境的變化。舊典範中對人的基本假設是一個由細胞組成的獨立個體，然而在新典範中我們瞭解到人本身就是一個具有身、腦、心、靈四個智慧內核的能量場，彼此相互關聯，整體運作的。

舊典範中原本認為組織影響力的來源，是來自組織授予的權力，資訊的控制與資源的分

粒子觀和量子觀的典範差異

組織的要素	舊典範 （牛頓粒子世界觀）	新典範 （量子心靈能量世界觀）
對環境的看法	複雜世界自有規則、變化但可控制、可預測的	混沌中自然有序、不可控制、難以預測、自然演化
對人的基本假設	是個由細胞組成的一個個獨立個體	是個具有身心靈的能量場，相互關聯
影響力的來源	組織權力，控制資訊，資源分配	價值與信念的認同，對高意識能量層級的景仰
組織中的關係	一種固定的權利義務，崗位說明與權力指揮鏈上的關係	一種使命認同，價值創造與利益動態平衡的夥伴關係
成員動力的來源	外來的力量、權威、金錢、利益、名譽	內在的選擇，個人成長，責權獻利的平衡，以及選擇的自由空間
組織推進的動力來源	由上而下，領袖英明	由下而上，全員推進

配。在新典範中，我們意識到影響力的來源是價值與信念的認同，以及對高意識能量層級的景仰。仰賴權力的結果就只能換取人們不得不工作的無奈下所維持的最小投入。

在舊典範中，認為組織中的關係是一種固定的權利義務，崗位說明與權力指揮鏈上的關係，人們只是機械性組織結構中的一個零件；然而，在基於能量場的新典範中則認為，組織中的關係是一種使命認同，價值創造與利益動態平衡的夥伴關係。人們是因為認同使命又樂於在這個組織中貢獻自己的價值，又享受可以有彈性變化的任務組合與協作關係。

在舊典範中認為，組織成員的動力來自於外來的力量、權威、金錢、利益、名譽；然而在新典範中則認為，人們在追求其內在的選擇、個人成長、責權獻利的平衡，以及更多選擇的自由空間。從以上的對比，我們就能明顯的看到，新舊典範中對於個人、關係與組織的假設有很顯著的差別，這種差距自然就會導引出不同的組織設計，制度與對待每一個人的方式。新時代的領導人如果沒有意識到這個新典範的轉移，勢必會碰到很多阻礙與不順，或是在組織上局限了個人能力與整體能量場的發揮！

而應用這種過時的典範經營事業，領導組織，如果在一個變動緩慢的產業環境中可能不容易覺察到問題；但是如果在一個快速變化的環境中，如ＩＴ產業、網際網路產業、數位金融、文創、媒體等，很快就會發現用舊的典範在領導組織根本無法迅速調整、高效運營、面對競爭。

然而，就像溫水煮青蛙一般，在緩慢變化的傳統產業裡，雖然沒有太大變革的壓力，但等到一朝醒來，發現來自異業整合或是從天而降的網際網路巨頭進入自己的地盤時，就很難有招架之力。這是認識新典範並應用它的重要性。

2　拋開舊思維，讓領導原力源源不絕

放眼看去，目前大多數的組織都還是由舊思維典範的領導人在領導，他們會認為環境是可預測的，組織想要得到的成果是可以單方面制定的，團隊就應該無論如何地達成。影響力的來源是來自於權力，以及資訊與資源的控制與分配，因此運用恩威並濟的方法就能駕馭組織與團隊。

個人在組織的關係是一種固定的權利義務，崗位說明與權力指揮鏈上的關係，因此「一個蘿蔔一個坑」，根據傳統的組織預算配置職缺。成員的動力又主要來自外來的力量、權威、金錢、利益、名譽等，因此這樣的組織領導，需要配置很多的制度與管理資源來控制、監督、檢查、考核與分配資源這樣的管理環境，人員的潛力與主觀能動性是受局限、受壓抑的，組織結構需要有龐大的間接費用和中間管理成本。

當面臨產業或市場環境的重大變化時，往往成本無法競爭，行動也難快速應變。特別要是面臨了帶著新典範來的組織直接競爭，更會是巨大的威脅；因為在新典範的組織領導中，

參與的成員是主動、積極、彈性、有開創性的，由緊密連接的團隊在運作。

因此，新時代的領導人就必須要充分更新自己的思維底層操作系統與典範，才能領導出一個新時代具有量子動能與彈性的組織。新時代的領導人基於新的世界觀，瞭解到環境表面上看來雖然是千變萬化、難於預測、不可控制，但底層自有其因果性與驅動力；只要能掌握底層的因與力，並尊重演化的規律，自然能因時、因地順勢而為。

而且對於每個人，不只是由細胞組織而成的分離個體，更是一個具有能量與波流動特性的能量體；組織就是由這些能量體聚合而成的更大的能量場。而對於新時代的人們，影響力的來源不再只是外在的利益驅動，更是內在價值與信念的認同對於高意識能量狀態的景仰。

而參與組織活動的成員，不只是傳統意義上的員工，與組織的關係更不是一種固定的權利義務，基於崗位說明與權力指揮鏈上的關係，而更是一種基於使命認同，價值創造與利益動態平衡的夥伴關係，組織成員的工作驅動力，不只是來自外在的權威、金錢、利益、名譽等；更是一種內在的選擇，個人成長，以及責任、權力（決策權）、績效成果貢獻，與利益分配（可以簡稱「責權獻利」）的動態平衡，並能感受到選擇的自由空間；他們會為了捍衛這樣的工作環境而努力投入精力，因為可以充分地展現自我。

這會讓整體組織的成長推進的力量，由原來依賴領袖英明的由上而下，轉化為由每個成員由下而上的推動。能夠瞭解並運用這種新典範思維的領導者，才能享有這種新形式的量子組織的高效能。

如果領導力的本質都不是從外在的資源與力量而來，那麼新時代的領導力根源何在？

答案其實越來越清楚了，既然團隊的動力是來自其**價值的認同與自我發展的空間**，新組織的動力由下而上；那麼基於前面我們更新的量子世界觀與生命觀，就可以意識到新的領導力來源不再只是基於情感的關係、外在的行為與控制，而是領導者對於生命能量的理解與運用，以及如何營造一個高效能的能量場。

因為在正向能量場中的人會自然與之同頻，高能量層級的人自然吸引低能量層級的人，被景仰、被模仿。領袖的影響力就不止是一件自然的事，更是一件愉快幸福的事。因為每個人都是由內而外的認同團隊或組織的初發心與價值觀，也就是與所歸屬的能量場同頻共振。那種感覺組織所需要完成的任務，領導所希望達成的成就與標準，不再是由外而內的要求與壓力；更是個人在高度的歸屬感與認同感下，自我成長與自我實現的最佳機會。

所以，量子領導力引領的團隊或組織，參與的成員會有很高的自我責任感，同時會有高度的成就感與幸福感。因為每個人都感受到自發的，由內在成長動機驅動的外在行為所形成的滿足感。

正如你大學選擇科系，是基於父母、老師的期望，或是因為那個科系容易找工作，亦或是基於你熱愛那個領域的探索與學習；不同的選擇動機，在努力的過程中感受是不同的。

你在為公司產品寫一篇介紹文章，如果你覺得這是老闆的要求，一定要創造多少關注，否則就是失敗；或是你覺得公司的產品很好，你自己就是個受益者，希望有更多的人也像你一般的受益，你很想好好的分享、有效的傳播，那麼你做這件事情的能量狀態就會是很不同的。具有量子領導力的領導者會很清楚其間能量狀態的不同，會很瞭解如何讓團隊保持在一種高能量狀態下運作。

新時代的領導人，基於量子世界觀與生命觀，知道萬物的連接，瞭解生命能量的重要性與心靈能量的威力；更理解意識層級決定能量層級的機制，因此知道要有效的引領一群人去到更美好的境地，創造更美好的世界，首先需要的是讓自己成為高能量層級的人，或是隨時讓自己處在高能量層級的狀態。只要自己在高能量層級的狀態，影響力就是一個自動發生的機制。就像太陽只要每天發著光芒，自然的運轉，向日葵就會一直朝著太陽轉動。

當然，這個境界很美好，說來容易，看來卻是猶如登天一樣難，是吧？其實不然，量子領導力的修練體系就是要幫助有志成為量子領袖，一個高能量層級又希望引領一群人到更美好境地的人，那麼只要遵循著這個體系所教導的方法，落實到你的生活與工作中，你會發現這並不是一條很難的道路。實際上，只要你走上這條道路，你會很享受，很慶幸你的選擇與投入。

我希望，這本書不只是想讓你多增加一些知識，你可以去跟別人分享或炫耀，你又多知道一些名詞而已；這本書更是希望你能藉由理解了新科學、新時代、新境界、新方法，並且能真正去實踐；以改變你的生活、工作、事業，以及你與別人的關係，進而提升你的生命能量層次。

3 領導力的修練，從三維度入手

要想高效的領導別人，首先要先能夠領導自己，引領自己去到更美好的境地；也就是更高能量、更有能力、更能隨時隨地把握狀態的自己。談到領導力的修練，就是自我領導力的培養，其中有三個修練的維度：對象、場景及反應週期。

第一個維度是針對不同的對象，如周圍最親蜜的人、家人、朋友、工作團隊、合作夥伴、商業夥伴等不同的對象，你所需要展現的影響力是不同的；

第二是不同的場景，如一對一的對話、一對少與一對多的會議，以及多對多的大型場合，在不同場景中面對不同的挑戰，你所需要的影響力的呈現也不同；

第三則是不同的反應時間週期，如當下的、在每個時刻需要立即反應的，如開會中聽到一個消息令你大發雷霆、當下又需要一個決定；或是短期的、短至幾分鐘，長至幾天所需要的反應課題，如客戶取消訂單，上網投訴該如何處理；以及長期的，如公司未來五年的戰略方向與商業模式該如何等課題，領導力所展現的行為與形式是不同的。

其中反應週期是最具有通用性的，不管你面對什麼對象與場合，都會有不同反應週期的互動。因此，培養量子領導力的方法就在於修練你在不同反應週期的情境中，能夠淡定、從容、清明地面對各種問題，並且能夠有序地處理它們。而其中處理長期課題的能力是由處理短期課題的能力所累積的，處理短期課題的能力又是從每個當下處理課題的能力所累積的，因此，當你能從容地面對並處理當下的課題，累積出的能量與能力，自然就能面對並處理所有短期與長期的課題。反之，很多長期的課題，如戰略方向的錯誤、短期機會的錯失，也都源自於長期對於每個當下情境的欠缺自覺。

舉個例子，很多人都知道創業的成功率很低，在美國新登記的公司能維持五年還在報稅的比例是五%左右，表示九五%的公司都不到五年就掛掉了；在台灣創業成功率約一%，新公司平均壽命不到三年，那麼很多人說創業就貴在堅持，堅持到最後就能有機會成功。問題是也有很多人就是因為堅持選擇的事業，不願意接受創業失敗或面對選擇錯誤的事實，最後導致身敗名裂。所以重點不在於堅持，而在於創業者從一開始是否瞭解自身的優勢與熱情所在，選擇一個自己熱愛又有市場優勢的項目與戰略方向；若能如此，當項目遇到困難時，自然不止能堅持，也能度過難關，累積實力後並能夠吸引外在的資源來支持加入；這就是運用了自身的領導力來轉化情境。能做到如此，是來自於對自身內在天賦與熱情的瞭解，而這個瞭解正是長期自我覺察與檢視的結果，自我覺察正是發生在每個當下時刻的，所以，領導力修練的起源點，就在於每個當下的自我覺察。有了當下的能力，也就能累積出短期的和長期的領導力！

「當下」是什麼？它不只是時間上的現在，更包含著空間上的這裡，英文是Now and Here！所以是包含著此時、此地的時間與空間。只有當下可以覺察到自己真實的內在狀態；只有當下包含著自己與環境整體能量場的能量狀態；只有當下可以發現除了現況，還有其他無限可能性；只有當下可以建立與別人真實的互動與能量交流；只有當下能將已經發生的結果，轉化為新的方向與契機。所以領導力修練的契機就在當下，如何能夠把握當下的狀態與機會？

所以總結前面幾章，我們探討了量子物理學與心靈能量激發，並且更新了我們的世界觀與生命觀，加上新時代的環境與社會的變遷，對於領導力有新的期望與要求。在基於波粒二象性的理解，我們融合結構性與流動性的雙重特性來解讀領導環境的特質。因為領導力是在實際人際間的行為互動中實現的，需要依賴修練來完成。我們又從領導力修練的三個維度來分析，最後確認了領導力修練的入口要從「當下」入手。

下一章，我們將開始陪伴你進一步探討量子領導力的修練體系。

讀後觀想

當下測試：找一位朋友一起練習，分A和B。A先開始，不斷地說出腦中想到的、看到的、感覺到的，不能停留超過一秒，要不斷地說一分鐘。B幫他判斷A所說的是否是屬於當下的事？如果是就舉起大拇指向上，不是就大拇指向下。並且幫對方算是否能夠一直只說「屬於當下」的事，只要有一次不對，就要重新從一開始。一直到能夠連續數十次不會錯才算成功。

這個當下測試一定要能通過，這是你體會真正「活在當下」的意義，並且是後面談領導力修練的基礎。

組織要素	舊典範 （牛頓粒子世界觀）	新典範 （量子心靈能量世界觀）
對環境的看法	複雜世界有規則和變化 但是可控制，可預測	混沌中自然有序 不可控制 難以預測 自然演化
對人的基本假設	人是由細胞組成的 獨立個體	人是具有身心靈的 能量場相互關聯
影響力的來源	組織權利 控制資訊 資源分配	價值與信念的認同 對高意識能量層級的景仰
組織中的關係	一種固定的權利義務 崗位說明與權利指揮 鏈上的關係	一種使命認同 創造價值與利益 動態平衡的夥伴關係
成員動力的來源	外來的力量，權威， 金錢利益，名譽	內在的選擇，個人，成長權責 獻利的平衡，選擇的空間
組織推進的動力來源	自上而下 領袖英明	由下而上 全員推進

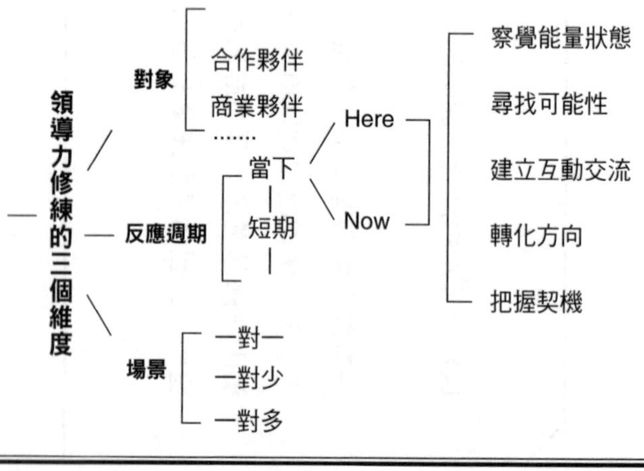

導讀思維構圖

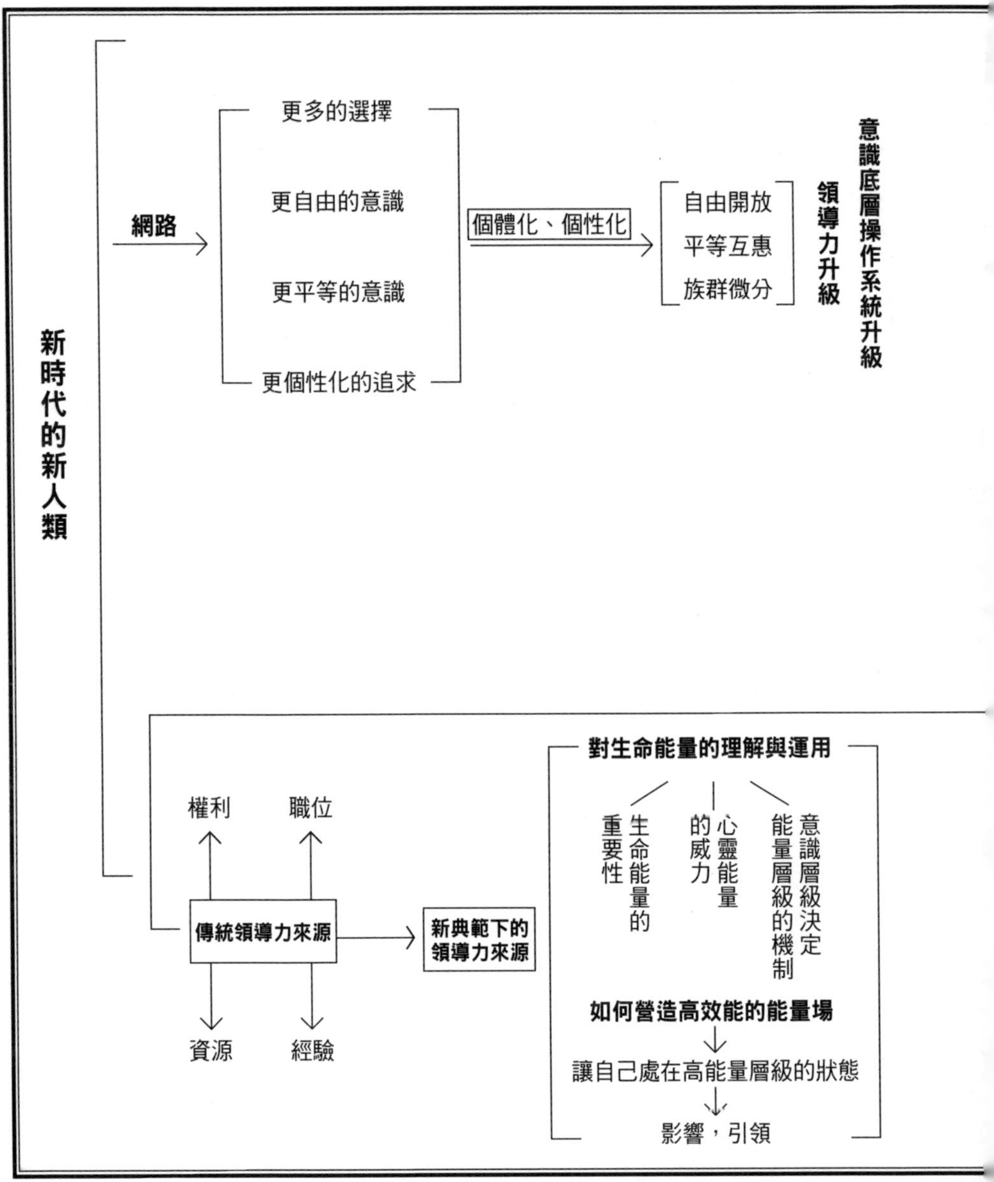
新時代的新人類
網路
更多的選擇
更自由的意識
更平等的意識
更個性化的追求
個體化、個性化
自由開放
平等互惠
族群微分
領導力升級
意識底層操作系統升級
權利
職位
傳統領導力來源
資源
經驗
新典範下的領導力來源
對生命能量的理解與運用
生命能量的重要性
心靈能量的威力
意識層級決定能量層級的機制
如何營造高效能的能量場
讓自己處在高能量層級的狀態
影響，引領

Part 2

21世紀非權威領導的量子領袖五力

第 5 章

超越傳統的溝通與行為模式

居一切時，不起妄念；於諸妄心，亦不熄滅；
住妄想境，不加了知；於無了知，不辯真實。

——《圓覺經》

在我們基於量子物理學更新了我們的世界觀與生命觀，又瞭解了新世代所期望的領導力後，我們不禁要問，那我們如何基於這個新的底層作業系統來建立高效的領導力呢？

新世代的工作者，當他們擁有一個超高智慧的手機做為資訊終端，又有了那麼高的自由平等意識，勢必會追求更多的自由與參與。他們期望更多行為的自由、思想的自由、選擇的自由，甚至決策的自由。因此，我把這新世代人類稱為「自由智慧工作者」，他們將比彼得．杜拉克所稱的「知識工作者」對於領導者的期望更是「非權威式的領導」。依賴權威的領導將難以獲得他們的合作與跟隨；更談不上全力以赴的為企業創造價值。

因此，我們需要一種基於高頻率的意識能量層級來創造一種「同頻共振」的效應，讓人們樂於親近你、跟隨你，相信你會引領他們去到更美好的境界。當共事是一種「同頻共振」時，那麼最大的驅力就不再是來自外界的金錢、權威、頭銜或名譽，而是來自他們內在的選擇，甚至享受這種工作關係。領導人在這種高頻狀態時，就具有一種能「快樂地做自己，高效地影響別人」的非權威影響力了。

如何才能建立這種能力就不只是需要知道這些知識，更需要經由練習到修練的一種蛻變過程。而這正是本書接下來要帶你深入探討的領域，這一切將從一個起點入手，那就是前面說的「當下」。讓我們不再只是停留在表面的世界遊走在時間軸上，而開始能暫停在當下，雖然它是一個極小的時間和空間，但它就像進入一個桃花源的入口一般，或是穿越高維宇宙的蟲洞一般，由此進入，你就可以看到一個無限寬廣的內在世界，然後再由內在世界出發進而就能建立你的領袖五力——讓你成為量子領袖，你內在智慧原有的五種原力。且讓我們先瞭解一下這個修練體系的理論基礎與全貌。

1 瞭解全貌運作，不能只被表面的現象所限

前面已經說明為何量子新時代需要基於更新的世界觀與生命觀，以及新的思維典範所發展出來的領導力，才能感召新世代的人跟隨與支持。我們稱這個基於量子世界觀所建立，以心靈能量為核心驅力，基於當下覺察所展現的領導力為量子領導力。

每次科學家帶領我們發現新的更小階層的「宇宙最小的粒子」時，都會帶來一個新時代。原子的發現，帶來原子時代；電子的發現，帶來了電子時代；核子的發現，啟動了核能時代。然而這次量子物理的發現，卻是帶來了革命性、顛覆性的世界觀。因為科學家們發現原來他們的研究不再是一個「不以任何個人意志所左右的，絕對客觀的物理世界」，而是由意識在底層影響著的物理與生命世界。

宇宙的三個基本元素——物質、資訊與能量，原來以為是界線分明的，現在知道了其共同的底層卻都是「意識」，是人的意識觀察崩塌了量子的波函數，成為粒子；是人的意識層級在決定能量層級；是人的意識可以指引生命能量的流動；而又是人的能量層級決定了人們

對事務的看法。因此基於意識與能量的領導力，不只超越了傳統以人際溝通的語言行為與互動為基礎的領導力研究，更是展現了全新的領導力境界。

然而身為**領導人需要引領一群人去到更美好的境地，或探索、開拓未知的領域，就一定需要瞭解世界是如何運作的，不能只是被表面的現象所限，也無法只是就現象事件去反應。**

就像在時鐘上有秒針、分針和時針。現象事件就像秒針一樣明顯在轉動，如果專注在秒針上，那麼就會在一個永遠忙碌，卻難以成事的狀態上。分針則像是團隊的行為與認知，如果能專注在其中，可以有較好的效果，這是傳統管理上專注的重點。但這仍然是繁雜而無法掌握全域的做法。如果能專注在時針，那是領導人的能量狀態所驅動的組織價值觀，當專注在共同價值觀的建立與成果願景的強化，那麼領導人就會發現那是少數的關鍵點，能激發最大能量的發射點。

然而如何從現在的你轉化到理想的量子領袖，一位從容淡定，勇敢堅毅又能激發每個人充分發揮他的天賦專長的領袖，那麼你需要經歷一個過程，一個從認知的改變，到刻意練習，到重複的堅持，到習慣成自然的穩定。然後周圍的人就會發現，你好像變了一個人。是的，那就是新版的你，更新過三觀，體悟了新思維典範，並徹底建立了新的大腦迴路與細胞記憶的你！

量子領導力的修練體系，就是要幫助你有效地經由這個過程重塑你心中理想的領袖願景形象。名為修練，是因為我們需要經由實際操作去體驗自己的內在潛能，經由反覆刻意練習去鞏固大腦神經迴路與細胞的記憶，讓這能力成為自然的你的一部分。這不會是個痛苦過程，而會是個內在探索與外在世界交會過程中充滿著驚喜的旅程。

2 學會運用「合力效應」，管理更有力

在物理世界中，如果你要往北走，那麼你有一個力量要一直往北方的方向走，但是外界給你身上一個向東的力量，那麼你就會偏離原來往北的方向。這種現象，在我們的現實生活上時常發生。我們決定一個事情朝前走的時候，外界出現另一個力量或誘惑後，就改變了，我們容易會忘記原來的方向。在物理上有一個「合力現象」，我們將用這個來解釋現實世界的現象。

如下圖，F1是你原來預計要去的第一股力量，F2是外界加於你的力量，最後的呈現是F3的形式。那麼，F3是不是你原來的意圖？不是你原來的意圖，但最後F3是你行為的呈現，你最後呈現的行為現像是F3。現象界你看到的世

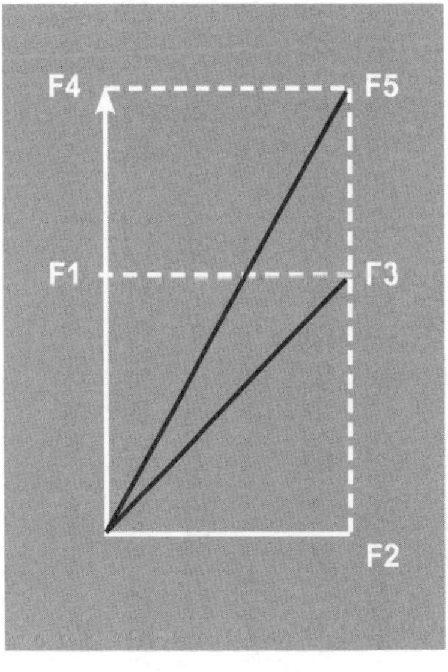

界並不完全是真的，不是你原來的意圖。

我們稱為「合力效應」。而當你意志的力量F4更大的話，你的方向F5就會不一樣的，也就是說外界的干擾如果是一樣的，但你的意志力足夠堅定的話，同樣外界施加F2的力，你的方向就會更偏向你原先預訂北方了。物理上是這樣，現象界也是這樣，在管理學界當然也是一樣。最後我們在現象界看到的都是合力效應。

所以，既然現象是「合力效應」，我們想要的成功，都是最後想在現象中創造一個「合力」，我們知道還有其他的力量存在，就在所有力量存在的空間中去創造我們想要的合力結果。因此，如果你要想讓這個組織朝向什麼地方發展，你要做的就是創造那個「合力效應」。

創造這個「合力」，F1、F2、F3、F4這些都是存在的。所以一個好的領導者是知道有哪些力量在運作你的組織。如果要領導自己，要知道有哪些力量是在運作自己。這些力量，你能不能否定它？

比如說，你有一個標準，結果員工老是令你不滿意。員工存在是事實，你的期望也是事實，最後得到的是合力的結果，那你身為老闆，要知道有哪些力量運作。你要加上什麼樣的力量，才可以有你想要的「合力」結果？所以，我們就需要把在現象界的「合力」分剝開來，到底有些什麼力量在運作著它。

有些時候，你會很糾結，沒有辦法做決定，那你就要把現象剝開來，自己到底在糾結著什麼？是那些拉扯的力量在讓自己糾結呢？一般都會發現應該有兩個對抗的力量或多個對抗的力量在運作。如果能看清楚什麼力量在運作，就可以很快地做出取捨，或是加強某一個力量，亦或是弱化你不想要的力量。所以學會運用「合力效應」，就是我們成功達到目標的一個重要能力，也是領導力的基礎。接下來，我們就來看看在每一個當下，有哪些力量在作用著我們。

3 靠當下四力，領導自己和別人朝向目標

在每一個當下我們的身心都會有四種力量在作用，只要能夠看清楚，就能領導自己和別人朝向我們想去的方向。

業力：非關宗教，是行為、語言、意念的能量紀錄

「業力」的概念是來自於佛法，但我們的討論與宗教無關。因為這種力量也幾乎是所有人都能體驗得到，所以它是可驗證的。「業」就是身（行為）、口（語言）、意（心意，念頭）行使後所創造出來的一種能量紀錄。也就是你過去想過的念頭、說過的話，以及做過的事，都會產生一種銘記，被記錄下來，並且影響你的當下。假設你昨天對老闆說了謊，會不會影響到你現在與老闆說話時的反應？還是反正說完就過去，就算了，沒有人知道？不

會的，是吧？那個行為是會影響到當下的你，我們內心會有一個印痕。如果你昨天跟同事吵架，今天會不會影響到你們的工作？一樣會影響到的。發生過的事情會在我們的身上、當下的空間中發生影響。我們有過好的或壞的念頭會不會影響我們？也是會的。所以，過去在我們身上發生的事情不管是行為、語言、念頭，都會影響著我們的當下。這些銘印就是「業」，具有記錄、能量、累積、牽動的效果。

「業」不會單獨存在，只會在關係中存在，只是生命中無不是關係，所以也就無所不在了。它也就是因果法則背後驅動的力量。它會存在你的「雲端帳戶」或潛意識裡，每個人都會有一個雲端無限容量的大數據資料庫，只要用適當的方法就可以提取出來。就像我們使用搜尋引擎，只要輸入「關鍵詞」加上適當的方法（譬如催眠），就可以從「業」的資料庫裡找到相關的記憶，看清楚有哪些業力在運作。

而這個由過去的「業」的種子作用到你當下的力量，我們稱為「業力」。有時候，你第一次看到一個人就是很討厭他，你也不知道為什麼，別人對他不會有那樣的感覺，但你知道當你有了這個念頭之後，在當下就會影響著你。可是你知道你們第一次見面，你不認識他，但你有這樣負面的感受，這就是來自過去的力量。而這種情緒就會影響你的語言、看法。所以，在當下的來自「業」的力量，我們就稱之為「業力」。

場力：又稱能量場，距離越近，影響越大

從量子世界觀來看，我們已經意識到，我們的底層是波、是能量場，那我們就會與別人發生「波的干涉」，別人也會來「干涉」到我們。來自你以外的世界對你的影響力，就都是「場力」。離我們越近的，影響就越大。這個「近」不止是物理空間上的「近」，還有關係上的近，比如說你的父母、祖先，他們的心態也會影響到你。我們也可以理解到所謂的「風水」怎麼影響你的，就是透過場力。

「場力」在物理學上就是在一個空間內存在的無所不在的力量，地球有牛頓發現的重力場，電磁鐵周圍有電磁場。而我們人體本身的能量體周圍也有能量場，現代的儀器已經可以很清楚地測出我們身體的能量場、大小、強度、頻率、顏色。

透過肌肉測試，我們也看到「身體可以用來接收能量資訊與判斷思考」，有時候你走進一個空間，可能還沒有搞清楚有些什麼事，你的感覺就覺得不好了，那是因為除了我們身體內部的運作，我們所處的空間還有一個「場力」在影響著我們。一群人在一起，每個人都有意識、波、能量，彼此干涉，就會形成「能量場」的場力。所以在每一個當下運作中，除了我們身心內部的影響，還有外部的場力在運作。

霍金斯博士說：「我們的『心』是用『身體』來思考的。」所以，我們的身體是可以感受到這個「場」的。我們的身體不止是獨立存在的，而是彼此連接到一個很大的雲端的能量場。有人稱為「集體潛意識」。譬如在中國很多人相信「天道酬勤」、「百善孝為先」，因此勤勞努力工作與孝順成為美德。反之，如果你不勤勞、不孝順就會被社會認為是不對的、不好的。這樣的社會壓力就會影響著你的決定和行為。當你想休息，偷懶時就會感到不安。當父母親逼你應該要儘快結婚生子，否則「不孝有三，無後為大」時，即使你一百個不願意，你也不得不屈服，這就是「場力」的作用。

你知道無人駕駛汽車如何運作的嗎？車在行進時，除了當下現場的反應，同時接受雲端的指導，就像飛機與塔台的聯繫一般，是隨時連接到雲端的。如果有一輛無人駕駛汽車在一條路上行進時，發現路上有個坑洞，這輛車就會上傳雲端。所以下一輛車再來到這裡時，已經知道了這個剛剛更新的資訊：在這裡有一個坑洞，要小心！所以，現在的人工智慧透過這樣的雲端學習，機器人或自動駕駛汽車就發展得非常迅速。

我們基本上也有這樣的功能，也可以連接到這樣的能量場，只是在過去，我們不瞭解或不相信，也還不知道怎麼去開啟這種功能，因為不知道怎麼去連接這個能量場。

如果我們懂得運用場力，向人類集體潛意識的雲端學習，那我們的成長發展也會很快的。而向這個場力學習的入口，也是在當下。

念力：當下觀照覺察自己的能力

首先，來感受一下「念力」。

現在你讀完這段後，按照指示練習，體會一下這個力量。你先閉上眼睛，什麼都不想，你關注你的呼吸，然後開始讓意識離開你的身體，到身體三尺高的地方，去看著自己的身體。這個「看」是用「心」在看。

俗話說：「舉頭三尺有神明。」現在，你要練習的是「舉頭三尺有個空拍攝影機」。這個「空拍攝影機」就是由你意識分出來的，讓攝影機可以看著自己。地球上的生物只有人類可以做到這件事，就是當自己在做另外一件事時，分出意識來觀察自己，所以人類有能力修行開悟成神或佛。因為有這個能力，你可以「分出來」看著你自己。剛剛開始會有「想像」的部分，但「想像」和「觀察」不一樣，觀察是同步的，不需要想像的。這個能力稱為「念力」，也就是在當下我們能觀察到自己的能力。

中文字「念」是由「今和心」組合而成的，今就是現在或當下，心就是意識，所以念力也就是就是當下觀照覺察自己的能力。

「佛」這個字是佛法傳到中國後所創的字，其原意是「覺察」的意思；所以佛也就是覺者。道家的廟稱為「道觀」，「道觀」的「觀」是觀察的意識。佛家的「覺」和道家的「觀」，基本上是一樣的意思，在當下對於自己的覺察。可見這個當下覺察自己的能力是多麼重要，是東方兩大智慧門派都以賴的核心能力。這裡無關宗教，只關乎生命與能力境界的提升。借著提升當下覺察自己的能力來提升自己的生命品質與能力，不管是免除煩惱或幫助我們心想事成。

前文提到領導人最容易有的缺點，是曾經有些小成功的領導人，往往前面令他成功的因素成為他無法更成功的主要障礙，而這主要的底層原因就在於「無法覺察自己」，也就是缺少「念力」！如果你是超級業務員，因為銷售業績很好而升為銷售經理，很可能就會用你最擅長的銷售技巧來領導你的團隊，激勵他們如果勤勞的跑客戶就能賺很多錢。如果這樣做後，發現團隊並不買單時，你就會很懊惱，這明明是你的成功之道為何大家不買單？其實，這時是因為你的成功經驗已經成為你的信念，你開始失去覺察，其實每個業務員有不同的特色優勢，可能和你的不同，如果引導他們發揮自己的優勢，都能用不同的方法成功。一般的領導人都有較強烈的成就動機和聰明才智，只要能隨時覺察自己，很多的毛病就能夠調整過來。所以能在當下覺察自己的念力，成為關鍵的能力。

願力：創造夢想、使命、目標形成拉力

願力就是因為你對於想要得到的夢想，或是你想要成為的狀態的渴望，所形成的拉力。如果你是一個沒有目標的人，那你就會走到哪裡算哪裡，像前面的合力實驗一樣，沒有堅定的方向，就會隨著業力和場力的推動流轉。這也就是很多人所誤解的「隨緣」，隨著外部的緣分走，緣分帶他去哪裡就到哪裡。

但如果你心中有一個願景、有一個目標、有一份使命、有一個堅定的方向，那就會產生一種拉力，讓你朝那個方向走，我們稱為「願力」。真正的隨緣是帶著清晰的願力，但在實務上隨著當下外在環境的需求與限制，隨緣去接受當下、解決問題，所以能順利的朝著願景的方向走。所以有願力和隨緣是不衝突的。願力即是當下運作在我們身上的第四種力量！

我們學習領導力，首先就要學會領導自己。領導自己就要知道我們隨時隨地，在每個當下都有四個力量在運作著我們。一般來說，這四力最大的力就是「業力」。為什麼呢？業力就是你過去的思想、語言、行為會在你的身上產生一種「銘記」，而且這種銘記會作用在你每一個當下。

舉個例子，你小時候被蛇咬過，你可能一輩子怕蛇，即使現在生活在大城市裡，只要看到類似蛇樣子的繩子，就會讓你害怕。或是你上週和一位同事吵了架，那件事會在你的內心形成一個「銘記」，開始你們之間的互動關係。

所有的業力都是過去的，又具有累積的效果，越累積力量就會越大，在每個當下會對你造成作用力，尤其是重複很多次的業力就會形成強大的力量。因此如果你沒有開發出念力和願力，或是也不會運用場力，那麼業力就是你最主要的作用力。

這四個力量當中，從大小來看，一般而言「業力」是最大的，但從級別而言，「念力」的權力是最高的，念力是意識的國王，只要念力決定要的，再大的業力都要讓路。譬如今天有一個業力，看到海邊的水很害怕，不敢下水；但只要你有念力看到了自己的害怕，並且決定要克服這個恐懼，這個念力和願力就可以克服你恐懼的業力作用。最後要不要下水是誰決定呢？你當下念力可以決定的。問題在於，你當下的願力和念力有多強，是否足以克服業力的作用。

在領導人常見的問題中，經常憤怒、缺乏耐性、自我中心、缺少同理心等都是因為缺少念力。在當下的時候，他看不到自己。只能被當下的「業力」驅動，任憑憤怒、不耐煩的情緒驅動著他的思想與行為。一旦你有了念力，這個是意識權力級別是最高的力量，你就能選擇是要繼續生氣，還是要讓自己平息下來；或「演一場生氣」也就是心中平靜，讓行為生氣以充分表達你的不滿。

所以一個人能覺察自己的能力是這麼重要，對於一個人生命素質的提升是這麼重要！當下內心的運作，就是一個合力效應，最後產生的就是我們看到的行為現象，但它的因力底層是這四個力量在交互運作的。研究領導力，我們一定要明白這行為底層的心力是怎麼運作！

我們可以再用飛機起飛的例子來比喻就可以更加明白了。飛機是如何能起飛的？流體力學裡有個定理，如果一個流體流過某物體的介面時，如果流體的速度越快，它的垂直側面的壓力就越小。所以我們設計了飛機翼，讓流體在上面的速度比較快，下面比較慢，所以這樣的話，就會產生由下往上的推力，也就是在空氣中產生的浮力。飛機時速三百五十六公里以上，飛機的浮力就會大於重力。

飛機起飛時的重力並沒有消失，金屬做的飛機，承載那麼多貨物和人，有數百噸的重力；但是只要浮力大於重力，它就可以起飛，它的行為就是整個合力效應平衡下來的結果。所以，飛機的「業力」就像飛機所承受的重力，地球一直存在著的地心引力，過去的累積無法逃脫，飛機的「重力」是你的「業力」。飛機只有在有浮力的情況下才能起飛，所以它的「場力」就是大氣層中創造浮力的條件。

我們的「場力」也給予了我們創造浮力的條件，但它同時在影響著我們，念力就是當下的速度創造了浮力，抵抗了重力；所以你要能起飛，也就是領導自己做你想做的人和行為，最後要依賴你的念力，還要夠快！飛機要去的地方或是機長要去目的地的意志就是願力。

所以我們要做自己人生的機長。我們要有願景，就能產生願力，決定我們要成為什麼樣的人；然後我們要開發念力，快速地覺察自己每個當下其他三力的狀態，這樣就可以做自己的領導人，決定要用什麼狀態和行為去與外界互動，做自己的主人。

整個量子領導力最關鍵的基礎就是「念力」，也就是「觀照力」。也是只有這個能力，才可以創造飛機的「浮力」，也就是你對自己的改變與對世界的影響。我們在第六章會深入討論這個能力。

當你開始面對一個舊有的情境，卻不再生氣時，是不是原來啟動你生氣的那個因素完全不在了呢？不一定。員工為何老犯同樣的錯？為了這個我們損失了多少成本？這個埋怨的念頭可能還是有的，但若你的「念力」夠強、夠快，當這個「埋怨的種子」啟動時，你可以看得到，你可以決定自己要不要生氣。它不是重力不見了，不是你的業力不見了，而是念力可以讓你選擇朝你的願景方向去改變，讓願力來引領你，而不是讓業力來驅動你。

當然，我們也可以讓業力的內容改變，讓業力來幫助我們達成心願。今天的「業力」是過去創造的，同時你也可以為美好的未來創造好的業力。首先，你不要繼續創造負面的業力，並且多創造正面的業力種子，那麼就會累積更多正面的業力幫助你的未來，讓業力成為你的助力。

所以，在每一個當下，生命承受的就是這四個力量創造的合力，也就是我們在現象界所觀察到的行為結果。身為領導人，我們要知道每一個力量，並且知道如何去運用。

4 不只要學習，更要實際修練

量子是能量的最小單位，當下是生命的最小單位。在每個當下以意識能量的驅動，發揮其原有內在本自具足的能力，是一種自然、真實、自在，而且會形成自動化、不費力的領導力。在量子領導力的作用下，領導人和被領導人都會自然地感到一種主動、自由、積極、平等的互動關係，也進而促進了這種合作關係的同時，具有高幸福感與高效能，因此對於雙方都會是一種享受的關係，而非緊張的關係。

然而要做到如此境界，對很多人來說並不是一蹴可幾的過程，但這種能力對於每個人卻又是內在本自具足的「原力」。「原力」就是你內在原有的潛力，只需經由向內開發，無需外求的一種內在智慧與能力。

這種開發內在原力的過程，與一般的學習過程有很大的不同。一般的學習大多停留在大腦知識與記憶的層面，所以你學習後知道了道理，記得知識點，悟到了深意，但大多仍然停留在大腦裡。所以我們可以看到很多知識豐富、學識淵博的人，做人不見得令人樂於親近，願意接受其影響或領導。

有人深研佛經、道德經，深通其道理，可是當面臨事件考驗時卻又無法淡定處理。而這就是學習與修練的差別。修練是一種全生命的深度學習，不只是頭腦上理解。修練也是真心地信服，並且以身體的踐行培養出每個細胞的記憶，最後形成一種新的自然習慣，最後成為一種新的生命狀態。然後周圍的人會發現，他不只是變得更有智慧，而是幾乎完全蛻變成另外一個人似的。

對領導力的考試不是紙上作業，而是在每個與外面世界，與周遭的人接觸的當下所進行的；因此我們需要的不只是「學習」領導力，更是要「修練」領導力。讓自己蛻變成為自己的領袖，成為自己心中理想的領袖，也成為你希望的對周遭世界發揮正向影響力的領袖。

因此，你需要一個修練體系，而一個修練體系就會包含著信念、原則、方法、工具與應用。也就是道家修練所說的「道、法、器、用」，有了這樣的體系，你就能一步步地從知道、悟道、做到，到升級成為新版本的你，在新版本的你，你的領導力就是自然、自動的，無需刻意地有所做作。

5 領導力不是天賦，而是來自正確的信念

我們理解了底層的作業系統，瞭解信念是我們的終極假設，也知道信念的力量，所以我們要慎重地建立我們的信念，要深思熟慮地選擇我們的信念。一旦接受了一個正確的信念，它就會發揮指導、引領與規範的作用，讓我們朝著正確的方向思考、行動與發展。

基於前文所討論的前提，我們知道基於一切物理現象的底層是波與能量，由量子糾纏的效應，我們也知道萬物彼此以某種形式與程度的連接；而每一個生命基於其底層的能量，都有其追求生存，繁衍與發展的權利。因此，我們相信**人人都是彼此相互連接的，並具有平等追求成功的權利！**

每個人追求成功的權利是平等的，每個人應該被賦予平等發展的機會，每個人的天賦、條件固然不同，但機會應該是平等的。只要被賦予了機會，加上其自身的努力與選擇，每個人發展其領導力的機會都是一樣的。因為領導力不是來自於職位、權威、資源或經驗；領導力是基於動機，基於意識能量層級，基於價值觀與服務意識所建立的，每個人都有平等的機

會可以發展。

有了這個信念，我們就會摒棄過去領袖是天生的，領導力是天賦異稟才有的想法。我們會更進一步相信，要讓組織與社會上的每一個人有機會發展他們的領導力，發展他們的天賦，而不局限他們貢獻所長。

6 開發內在五大原力，輕鬆運用量子領導力

然而要能輕鬆自如地運用當下四力來行事，你還需要開發你內在的原力。之所稱為「原力」，因為這些能力是你本自具足的能力，來自於你內在的智慧，只需被啟發和自我開發，無需外求。這種原力的開發是經由「體驗科學」的方法而來，以整個生命系統去體察，實際操作練習而成。

當然最新的量子物理與大腦科學，也都一步步透過更多的實驗來證明它們的有效性，但其實這些方法很多都在不同的領域已經被驗證了很久，尤其是來自佛家與道家的修行裡。

正如大衛．霍金斯博士的人類能量層級表所表述的，經由同一個能量的維度，穿越了眾多過去認為完全不同領域的人，身心患者、一般人、奮鬥青年、企業家、科學家、藝術家、瑜伽士、宗教家、慈悲智慧的大師、到開悟的人，他們之間是因一個能量層級的不同，而呈現出如此不同的作為與面貌。

而量子領導力的修練就是要藉由實際在生活中的練習，提升生命能量層級及應用能力，

因而自然地發揮其影響力，並能引領一群人完成所需的任務，進而達到更美好的境地。

量子領導力的五個原力，有其次第，也可以並行修練；依其基礎功夫的深厚程度會呈現不同的效果。不同程度的領導力會反映在不同的領導場景與對象的複雜程度上。越高的功力自然能面對更大的格局，更複雜的局面；更挑戰的課題，自然也就能吸引更有聰明才智的人來一起完成任務。

然而領導力的應用是幾乎無所不在的，只要有一群人需要成就一件事、一個任務，或完成一個夢想，就需要領導力。因此，不論事件的大小，資源的多寡，或是組織的規模，其所需領導力來發揮其激發成員的潛能，匯集到同樣的方向，並且有組織的執行，這個過程所需要的領導力本質卻是一致的。

量子領導力的修練核心，是五種原力：觀照力、空性力、調頻力、包容力以及洞察力！其中大致可以區分為兩部分，第一是自我心力，是屬於自我修練的範疇，包含觀照力、包容力及自我調頻力。領導人要能獨立的面對自己的內心，瞭解事物空性的本質，勇敢解析自己，並且能夠自我調頻。不僅不讓負面的能量控制著自己；更要能成為自帶電能，自帶光源的能量體，如此才能發揮其領袖魅力，自然吸引別人的親近與跟隨！

第二部分就是自他能力，其中包含自他調頻、包容力與洞察力！有了自我心力的基礎，就能在面對外人關係時從容不迫，即使彼此間有衝突或不順遂的時候，也能調整好自己到更高頻的狀態，理性處理。而包容力更是決定了領導人的格局；洞察力則決定了領導人是否能夠在很有限的資訊條件，不確定的未知情況下，能洞察事務發展的趨勢與規律，分辨事務界中變與不變的不同部分，並且因此能堅持其選擇的方向，引領組織在穩定的方向上前進。

接下來幾章，我們將分別說明這五種原力的定義、內涵、修練方法與應用。

讀後觀想

1. 找一件最近讓你關注或操心發生過的事，閉上眼睛，深呼吸幾次後，回顧一下事情發生的場景中在你內心運作的當下四力，把它們清楚地定義出來。能清楚看到是改變的前提，所以這個練習是下面的基礎。
2. 今天從你出門遇見的任何一個人，從清潔阿姨、公司實習生、到你直屬主管、老闆等；觀想他既然被你遇見就是和你有某個緣分的連接，並且他追求成功的權利和你是一樣的。基於這個信念，你對他們的看法會和過去有什麼不同？

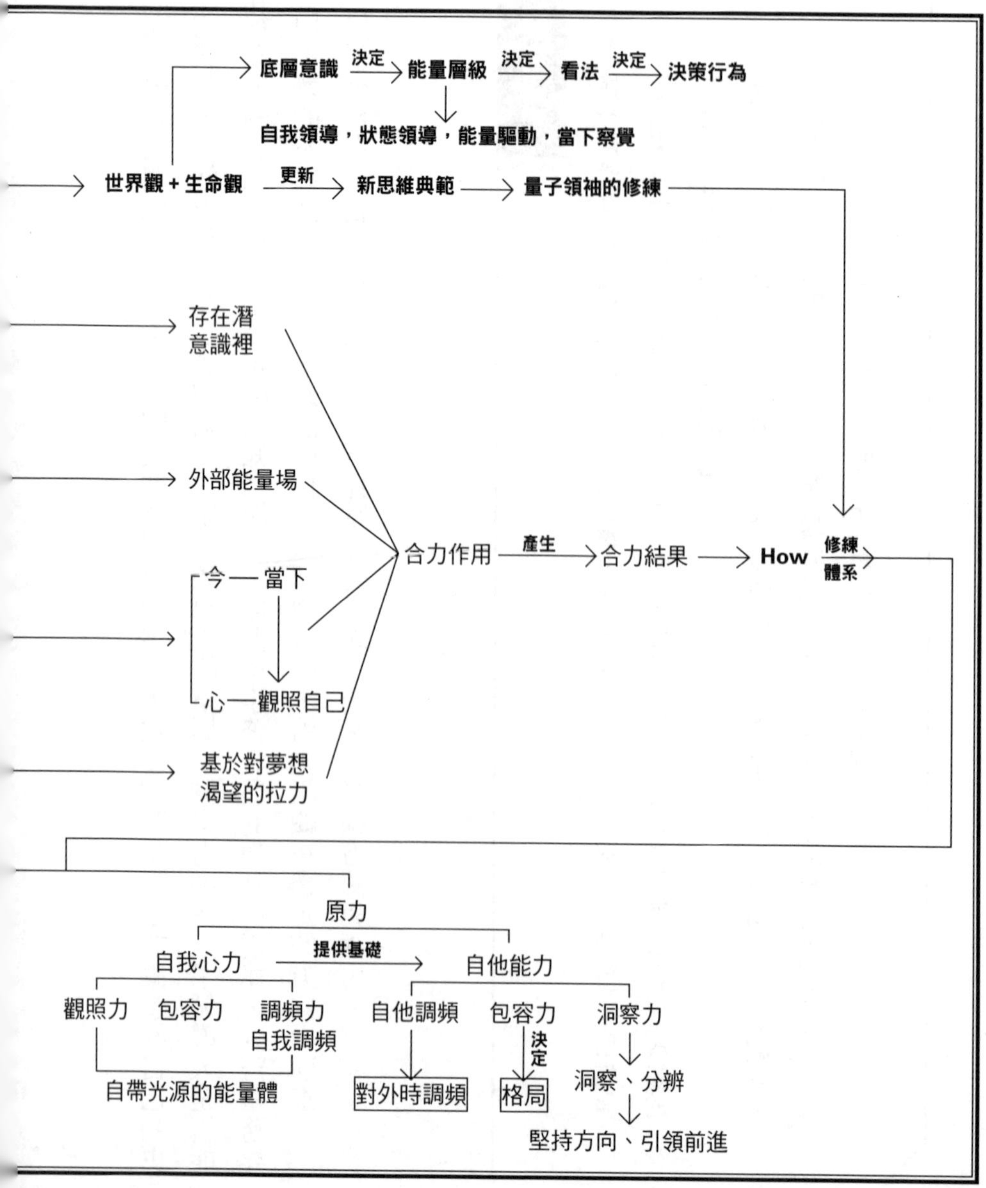
底層意識
決定
能量層級
決定
看法
決定
決策行為
自我領導，狀態領導，能量驅動，當下察覺
世界觀＋生命觀
更新
新思維典範
量子領袖的修練
存在潛
意識裡
外部能量場
今一當下
心一觀照自己
基於對夢想
渴望的拉力
合力作用
產生
合力結果
How
修練
體系
原力
自我心力
提供基礎
自他能力
觀照力
包容力
調頻力
自我調頻
自帶光源的能量體
自他調頻
包容力
洞察力
決定
對外時調頻
格局
洞察、分辨
堅持方向、引領前進

導讀思維構圖

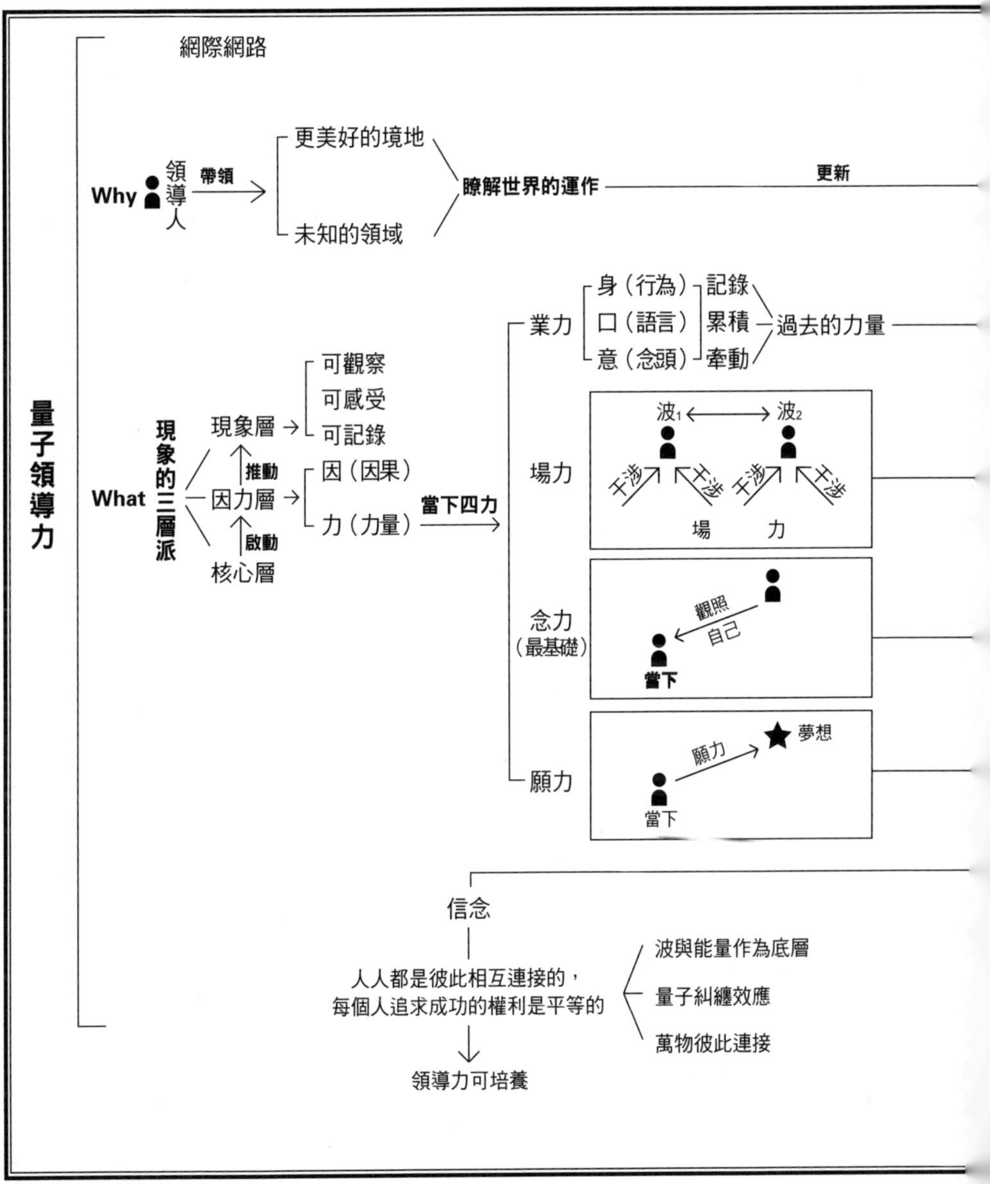
量子領導力
網際網路
Why
領導人
帶領
更美好的境地
未知的領域
瞭解世界的運作
更新
What
現象的三層派
現象層
推動
因力層
啟動
核心層
可觀察
可感受
可記錄
因（因果）
力（力量）
當下四力
業力
身（行為）
口（語言）
意（念頭）
記錄
累積
牽動
過去的力量
場力
波1
波2
干涉
干涉
干涉
干涉
場　力
念力
（最基礎）
觀照
自己
當下
願力
願力
夢想
當下
信念
人人都是彼此相互連接的，
每個人追求成功的權利是平等的
領導力可培養
波與能量作為底層
量子糾纏效應
萬物彼此連接

第6章

不讓當下情緒造成管理失誤的觀照力

觀自在菩薩，行深般若波羅蜜多時，照見五蘊皆空，渡一切苦厄。舍利子！色不異空，空不異色；色即是空，空即是色；受想行識，亦復如是。依般若波羅蜜多故，心無罣礙，無罣礙故，無有恐怖，遠離顛倒夢想，究竟涅槃。

——佛陀，《般若波羅蜜多心經》

領袖五力就是量子領袖核心的五項原力，分別應用在不同的反應週期中，當下、短期和長期的。其中在當下的能力是一切的基礎。量子是能量的最小單位，當下是生命的最小單位，能把當下的狀態掌握好，再經由每個當下覺察所見畫面的累積，後面的整個情勢與發展就自然容易掌握了。所以領袖五力的第一部分——自我心力，也就是最重要的基礎，其中就是兩個當下的原力：觀照力和空性力。

然而這些能力都有一個共同的要求，那就是需要覺察自己當下的狀態。要談動機、談能量、談價值與狀態，這些都在每個當下發生，如果無法覺察這些稍縱即逝的能量流動，就會錯過最動人的時機、最容易綻放生命力並產生影響力的時刻。當下的觀照力就是要你能隨時隨地覺察自己當下的狀態，和你的對象及場景的狀態，這樣就能輕鬆掌握影響力的契機！

1 覺察憤怒，防止怒火燒毀所有經營

首先我們看一段著名的韓信求王的故事。韓信在平定齊國後給劉邦一封信，說齊國境內很亂，建議要封他個假（代理）齊王好鎮住齊國。（從前文所談領導力的迷思中，現在我們都知道這不是領導力的來源，只是個藉口）劉邦看到韓信後勃然大怒！那時劉邦正處危機，等著韓信平定齊國後盡快來解危；沒想到這時反而來求封賞。就大罵韓信說：你老子我在這裡苦戰等你救兵，你倒要我給你封王。這時候張良在一旁踩了劉邦的腳暗示他，意思是這時候不能得罪韓信，不然他反了就完蛋了。劉邦很機靈，面不改色馬上接著罵：大丈夫滅諸侯平天下，要封就封真的，封什麼假的。於是讓張良帶著印給韓信封了個真齊王，韓信就沒有反劉邦，並協助劉邦一起滅了強敵項羽。

在這則故事中，可以看到成功的領導人自我覺察能力的重要。劉邦讀到那信時勃然大怒，開口大罵。我們都知道憤怒是最容易讓人失去理智的，一旦失去理智就看不到當下的整體情勢，就會不顧一切地任性作為。所有權力巨大的人，如歷史上的皇帝或是專政的領導，很多人都在憤怒中犯下不可逆轉的錯誤，導致失去核心團隊的擁護、失去民心，最後失去江山。所幸劉邦身邊有機靈的張良提醒他，踩了他的腳。但想想要是劉邦沒有當下覺察，沒搞懂張良的提醒，問他說你踩腳我幹嘛？那麼歷史上可能就不會有漢朝開國的故事了。

我自己也經歷了類似的事。一九九〇年，我領著宏碁指派的任務，到美國開設「宏碁拉丁美洲」分公司，為「讓 Acer 成為世界 PC 十大品牌之一」的願景而奮鬥。拉丁美洲講西班牙語、巴西講葡萄牙語，我不會說西班牙語，當時就一個人帶著在台灣認識的西班牙文老師一起到邁阿密去開疆闢土，在當地開始招募各國菁英。但因為當時台灣發展電腦高科技產業還在初始階段，大家不太相信台灣公司真能成為產業領先，招聘人才並不容易。

在我們團隊有了十二名員工時，成員就來自十一個不同的國家，橫跨歐亞美三大洲，堪稱是個小聯合國。因為我們面對的是拉丁美洲整個區域性的市場，不是一個國家，所以團隊的組合讓我們具有「國際觀」是很重要的，但同時因為成員背景複雜，這對領導力的挑戰也是巨大的。

記得大約在一九九五年，那時 Acer 已經是拉丁美洲 PC 市占率最高的第一品牌。在一次開會時，我說明作戰計畫，當時就有一位來自委內瑞拉的義大利裔產品經理羅馬諾（Romano）發表不同的看法，他認為我的看法是錯誤的，不支持我擬訂的策略。我當時覺得權威深受威脅，就惱羞成怒地罵他，並開始人身攻擊。他感到很憤怒，一站起來就要離開會議室，這時我更憤怒，斥責說：「你最好不要離開會議室，有事我們可以大吵，吵清楚，但不要離開；否則你就不用再回來了！」走到會議室門口的他停下腳步，停了幾秒鐘走回他的座位。

那次的經驗讓我很後悔，覺得不應該如此發怒，讓我的團隊如此難堪。我在拉丁美洲的一切，如果說還有點成就，都是因為有這麼一群忠貞勤奮的團隊才能成辦。很多人都以為拉丁美洲人似乎很安逸，喜歡喝酒、跳舞，今朝有酒今朝醉；但在我們團隊中，我看到他們很樂觀、積極、具有創意、也很努力！一九九七年，宏碁拉丁美洲從總部母體脫離，獨立在墨西哥上市，我也因為階段性的使命完成要離開邁阿密，指定的總經理接班人就是羅門諾。回想當時要是彼此一怒之下就此分手，就沒有了後來共創佳績的機會。

這兩則故事都是我們在企業管理與組織領導中常見的場景，那就是憤怒！為什麼佛法常說火燒功德林，一發怒所有的功德都被破壞了。你對合夥人、對員工、對兒女、對老公，好不容易經營了好關係，但一發怒就把前面所有經營的都燒毀了。

憤怒的情緒在管理場景裡經常發生，因為我們經常對很多事情的結果不滿意。可是你一時忍不住的憤怒、懷疑或是對對方動機產生負面的看法，往往導致兩敗俱傷。事後你會自問，當時為什麼要那個樣子？你會後悔那樣的反應，但在那時候你就是無法克制自己。所以在那個當下你缺少一種力量來覺察自己、讓你有機會理性地選擇你的行為？那個在當下瞬間能清晰地覺察自己狀態的能力，就是觀照力。

正如奇異公司（General Electric Company）前執行長傑克·威爾許（Jack Welch）主張的不拘行業，向所有行業領導者學習他們某方面的「最佳實踐」（Best Practice），然後整合成為一個最佳企業、一樣的方法與理念。量子領導力主張要學習觀照力，那麼誰有觀照力的最佳實踐方法與效果呢？最好的老師其實就是很多宗教、靈修界的智者。最佳路徑就是向修行界學習。不論是道家、佛家還是古老的瑜伽，他們真正修行的起點就是觀照力！

2 觀照力：觀察你當下身心內外的狀態

觀照是兩個概念的組合：一個是觀，另一個是照；觀是觀察，照是覺照。我們要觀察黑暗的地方，需要有光照才能夠看見。一間屋子如果沒有光，是不是一片漆黑，什麼都看不到，只有在光線照進來才可以看見裡面的東西。所以我們也可以說外觀內照，觀察身體外面的行為是「觀」，觀察身體裡面的狀況就需要「照」，因為需要有光。

所以觀照的意思就是「觀察你當下身心內外的狀態」。既然要觀察內部的狀態，因此需要「照」。當你能觀照到當下狀態時，你才算活在當下。反之，也只有你真正活在當下才能觀照。前文已經提過，當下是此時此地，如果是你在這裡一邊玩手機，心思已經投入手機的畫面，觀照已經不在。

「觀」就是能夠看到你外在的行為，「照」是能夠覺察到自己內在的狀態與感受。所以，觀照力就是你能夠在活在當下，維持覺察當下自己身心內外狀態的能力！

說來容易，這就是數千年來修行人窮其一生在修練的事。行來其實也不困難，只是需要有方法，讓我們能在生活中去修練與操作。主要的障礙在於人們不夠瞭解它的價值與重要性，不知道觀照力的發展是無止境的，生命的深度是可以無止境地觀照下去的，而這件事值得一生持續不斷地做下去。只要瞭解到它的價值，你就會用一生甚至累生累世地去修練這個能力。

佛家的「覺」和道家的「觀」基本上是一樣的意思，不同的描述，就是在當下對於自己身心的覺察。只是這個覺察，還有不同層次，從覺察、覺知、覺照、覺醒到覺悟，一步步深入、細化，精進到不同深層的境界。在佛家與道家，對於觀照的修練主要目的是藉由此法能看到「實相」，生命真正真實的真相，也就是探索生命的真理是什麼。所以觀照力，也是在量子領導力中引領我們連接真相，培養我們後續幾個原力的基礎。

其實我們剛出生時，觀照力是很敏銳的；很清楚地覺察著自己身心的感受，餓了、冷了、環境中的能量流動、周遭的人情緒流動，我們都能敏銳覺知。但為什麼會失去觀照力？我們從一生下來，為了生存就要學會察言觀色、觀察媽媽的狀態，好獲得足夠的關愛與食物。媽媽開始引導我們注意並觀察外面的世界！你看這個玩具好不好玩？這本繪書裡畫的是什麼？同時開始教我們比較，從兄弟姐妹之間的比較，到看別人家小孩成績有多好。所有的學習與引導都在教你看外面的世界，把所有的注意力都向外引導，因而逐漸失去向內觀照的能力。

在教養小孩的過程中，如果能在引導接觸外界的同時，也協助發展向內的觀照力；詢問他這時的感受如何？看法如何？那麼小孩智慧的成長速度與深度就會非常的驚人。

我們之所以會失去觀照力是將注意力都放到了外面的世界，我們的學習、成功、幸福、喜怒哀樂都是來自外在世界的追求，被外界的事物帶走，忘了覺察自己。我們拚命追求外在世界的功成名就，或是幸福美滿的關係，卻忘了傾聽內在的感受和聲音。但當你失去與內在感受的連接後，即使得到了外在那些事物與關係也不會感到真正的快樂，這一切都和觀照力的失去有關。觀照力是我們能清楚地觀察身心內外的一切，又不被所觀察的事物帶走。所以觀照力是我們原有的能力，只需要喚醒這內在的原力，就自然會找回來。

3 避開自我盲區，預防成見破壞團隊運作

觀照的目的是讓我們能看到當下的實相。因此觀照時要能夠避免受到慣有模式的扭曲，而曲解了世界真實的狀態。因此要先從瞭解我們是怎麼觀察的開始。大腦科學與心理學家發現，原來我們觀察一個場景時，真正進入眼球，轉化為資訊到腦神經去處理的，只有一個很小的百分比。面對全新的場景時，我們可能多輸入一些新資訊，越是熟悉的場景，我們就會習慣從記憶中提取「舊有資訊」，加上當下的「看法」組合而成。

上帝的設計是讓我們的資訊處理更有效率，但也因此當你對一件事有了「成見」，所有觀察就會像戴上了有色濾鏡的眼鏡一樣，只能看到過濾過的資訊。你的觀察會輸入更少的資訊，並且強化你的舊有資訊與看法。這就是為什麼當一個人有了成見，就會日益加深，並且「觀察」到更多的「證據」來證明他的成見。所以我們的「觀察」實際上大多只是「舊有經驗的重複」，並沒有看到真相！

觀察的另外一個問題是前文提及的「思維典範」。我們的舊有思維模式會把我們「看

到」的資訊加以解讀，而這是以原來的思維典範來解讀，所以會更強化原來模式的可靠性。這種現象還會因為社會上多數人的共識，形成了一致性的社會觀、價值觀、道德觀，而形成所謂「集體潛意識」。而這種「集體潛意識」就會被認為是「真理」，因為周圍的人都認為是對的。然而這既不是真相，更非真理，只是社會發展階段性的「共識」！

觀察的第三個問題是，為了生存與繁衍，潛意識的第一層有一個稱為「門衛意識」的機制。在未能察覺的時候，自動地對所有輸入的資訊，進行分別、好惡、取捨，甚至批判。在原始的環境中，我們需要這個功能，以保障安全；隨時可以判斷那是危險的，這是安全的；這是我喜歡的，那是我討厭的；這是我需要的，那個對我是有害的……。然而這個機制也會讓我們看不到「實相」，容易傾向於看到我們喜歡的、接受的、需要的。

因此觀照要求我們要能避免前述的過濾與扭曲，看到真相，至少盡量趨近真相。另外，我們從量子生命觀裡瞭解到萬物的連接與底層的意識能量，知道它的存在，卻又無可覺察，無法與之連接。無法覺察就很難有效的應用意識能量，而觀照正是幫助我們與身體、感受、情緒、意識能量之間建立連接的途徑與方法。有了這個連接，我們就能更全面地觀察到生命的真相，以及我們與其他人互動過程中，內在狀態的改變。

因此不只能避免自我盲點，更能夠進一步有效地影響周遭的人。譬如，我們覺察過度緊張不利於思考與創意；過度放鬆也不利於工作的推進；因此就會在團隊互動中找到一個適中的壓力狀態，讓團隊運作的節奏張弛有序、高效運作。

身為領導人，這種能看到當下真相的能力，正是人們樂於接受領導以及你能夠帶領一群人，去到更美好境地的重要基礎原因！

4 讓觀照變習慣，得刻意練習

雖然說觀照是我們原有的能力，但大部分人都已經失去太久了。因此建立正確的觀念後，一開始依然需要經由刻意的練習，讓自己建立起隨時隨地可以觀察自己的習慣，最後形成一種不自覺的能力。

練習觀察自己當下身心的方法有很多，這裡介紹幾種簡單的方法，你可以開始練習。

不思過去，不想未來，就在當下

練習你只專注在當下的事物和感受。前文說過當下即是現在與這裡，這個練習就是要能夠確保你能真正專注在當下，不念過去，也不去想未來。練習當下測試：找個朋友，不斷對著他說出你腦中浮現的事物，請他幫你判斷這是否是「當下」？是，就比大拇指向上；不是、大拇指就向下，立即回覆你。你要一直不斷地說出來，只要超過一秒鐘沒有說話，那就「不在當下」了。看看你能否在一分鐘之內連續說出都是在當下的事物或感受。如果有一次「不是」，就需要從一開始數，直到你有十次連續都「是」在當下的。

有些人可能很難第一次就做到，因為已經習慣了心思不是在懊悔過去，就是在擔心未來，從來沒有太多時間是真正「活在當下」的。

經過練習你會發現，只有不斷地描述你當下看到的，感受到的。比如，我看到你，看到紅色的地毯，金色的燈，聽到飛機的聲音；我感覺有點熱，我覺得有點緊張……，這些才是當下的事物。然而這些看似簡單無聊的小事，正是我們在生活中忽視，斷了與自己的連接，導致我們深陷在腦中不斷地思考，念頭紛飛的狀態中。觀照，從認識「當下」開始。

架起身心內外的空拍機

俗語說：「舉頭三尺有神明。」以此警告世人不要做壞事，不要以為你做的事情是人不知，鬼不覺的，因為神明在看著。這裡的觀照練習就是：舉頭三尺有個攝影機！想像你有架微型的「空拍機」，體積比蚊子還小卻又超高畫數，可以一直在你的頭頂三尺高盤旋著，並且可以隨著你的意志遙控到不同的高度、視角、任何位置。

練習時先閉上眼睛，觀想把空拍機架起來，是否可以「看到」自己？既然是閉上眼睛，這裡的看到當然不是用眼睛看到的，而是用你的「內視眼」看到。如果你還懷疑自己哪裡有內視眼？那麼你先用「觀想」也可以。看到自己後，要進一步確定你是在「觀察」而不是在「想像」，那麼就開始舞動你的手，雙手任意地舞動，再看看你的空拍機是否能同步「看到」，同步的就是觀察，無法同步的就是想像。

如果可以了，就再進一步地挑戰自己的「觀照力」。睜開眼睛，這時候你的眼睛會看到外面的世界，可是剛剛那個空拍機還是在的，繼續保持外視眼和內視眼同時開著，維持著這兩個「觀察」同時存在。你的眼睛觀察著外面的世界，你內心觀察自己的那個空拍機也存在著。如果你能維持著這兩種觀察同時存在，那麼恭喜你！你已經重新開啟你的觀照力了。只要你醒著，就把這架空拍機打開，這樣你就可以在每個當下觀照著自己了！

其實，深入的觀照練習後，即使你在睡覺，觀照的攝影機也可以開著的。一開始我們要是能維持醒著時的觀照，就已經能夠對於我們的情緒、生活、關係、工作、事業等有很大的幫助！

一天三次，記錄自己的能量層級狀態

現在你讀到這裡，就可以先觀照自己目前的身心狀態，然後對照一下人類意識能量層級表，看看你現在內心的意識能量層級在哪裡？有什麼樣的情緒感受？如果沒有猜錯，你應該是讀著這本書，讀到這裡發現自己有無限潛能，很開心，處在一種樂觀的情緒中。如果你的基礎動機是想要學習領導力好幫助更多人，也可能在一種渴求的情緒中，也許你的動機是渴望學好領導力以得到公司的肯定，或是獲得更好的報酬。

所以檢視一下你自己的情緒狀態，由這個狀態再深入觀察原始的動機，然後看看你現在的意識能量層級在什麼地方。每天至少要有三次的自我能量檢查，在自己單獨的場景，在工作的場景，與親友、家人在一起時的場景。然後問自己現在的能量狀態在哪裡？我和什麼人、面對什麼事的時候我的能量層級會提高或降低？當我的能量層級是正能量的時候（大於等於二〇〇）我的感受如何？當我的層級在負能量（小於二〇〇）的時候我的感受如何？

你也可以自己製作一張表記錄你的能量層級狀態，你會發現就像心電圖一般，你的能量狀態是會因情境上下起伏的，而且可能振幅還不小。然後你就問自己：希望自己生活穩定在什麼樣的能量狀態？而這就是你的願力的開始。我們前文提到當下四力的作用，讓飛機能起飛的關鍵就在於你的念力與願力。當你能看到當下的自己，你就能選擇要做一個什麼樣的人？穩定在什麼樣的能量狀態？做一個什麼樣的領袖，讓你的世界因你更美好？

5 避免誤闖觀察誤區的三原則

既然觀照的目的是要能看到當下的「真相」是什麼，並且要能避開前文所談到的「觀察的誤區」，因此觀照要遵循三條很重要的原則。

放輕鬆：提升注意力，讓身心更敏銳

放鬆可以讓你提升注意力，可以輕鬆維持內外觀照的存在，可以讓你身體內部能量的流動更通暢，可以讓你更敏銳，觀察到更多的視角與層面。放鬆與觀照彼此也會相互增益，越放鬆就越能幫助你觀照；反之，有了觀照你內心裡會創造出一個空間，因為這時候你不只是場景中的一個角色，同時是觀察者。因為是觀察者，你與場景有了一段距離，就有一個空間去處理當下的情境。

假如現在你面對一場很重要的會議，你是主持人，期望得到一個很完美的結果，但面臨到一個很有挑戰的情況，如果你只是主持人必須解決在場人與人之間的衝突，你的壓力是很大的。但如果你也是觀察者，就很容易發現，其實反對你的那些人之間也有很多不同的立場，存在很多空隙，而且也只是少數人，其實你很容易各個擊破。放鬆就為你創造出一個容易敏銳觀察的空間，因此放鬆是觀照的第一個原則！

不分別、不取捨、不批判

觀照要嚴謹地遵循這三「不」守則。我們的門衛意識會自動為我們分別、取捨、批判，這也是為何我們對世界和自己的觀察無法看到真相，因此觀照時要超越這個障礙。不管你看到喜歡的、厭惡的、正確的、罪大惡極的，你都先不要有任何分別、取捨、批判。

這三層是有次第的，首先你會分別，男人、女人、好人、壞人、黑人、白人，如果你能不分別首先你就會看到「人」，大家都是人。如果你已經分別了，那麼第二層至少你不要取捨，沒有「我喜歡好人、不喜歡壞人」等情緒，那麼你就能看到，原來我是偏心的，而且在某種情況下會偏某一邊。如果你已經取捨了，那麼第三層不批判，至少不要批判自己、批判別人，只是做個好奇的探索者、忠實的觀察者，看看真相到底是什麼？

有了這三層的「保護鏡」，就可以確保你能看到真相，看到你過去看不到，但是真實在你身上與周遭發生的事務。

外觀與內照，連接身受

觀照中包括外觀與內照，除了能觀察外在的行為外，還要能照見身體內在的感受。因此在觀照時要能同時覺察著自己的身體的感受與能量狀態。覺察身體的感受可以從最粗顯的、壓力最大的地方開始，如站立時腳底的壓力、坐著時屁股的壓力；然後逐步去觀察細微的，如呼吸的進出、皮膚感受不同的溫度等。就如所有的新技能一樣，一開始需要刻意練習，持續一段時間練習，就能讓你習慣成自然。所以完整的觀照時要能觀察外在的語言行為，以及內心的情緒感受和身體的感覺，並且發現它們之間的互動因果關係。

以這三個原則去觀照，最後你就能達到自己外部行為與內在感受的全然觀照，這對你開發自律性、穩定情緒、隨機應變、自我認知及其他領導能力是很重要的基礎。

6 檢視觀照力提升的四大指標

開發觀照力有幾個指標，可用來檢視我們進步的程度。

持續性

你如何能持續保持觀照。剛剛我們做了練習，你有攝影機，有連接身受，三分鐘後突然電話來了，你是否就失去了這個觀照？你能維持多久？

速度

就是你在多快速的情況下發現了你的情緒狀態，是在怒火升起的那一刻就看到，還是在怒火轉化為怒罵、粗暴的行為時才看到，還是粗暴行為都發生完畢了、傷害別人或關係了才看到，還是與對方打了一架後，才覺察不值得這麼生氣的。

解析度

就是你能觀察到的顆細微性有多細微。一開始看到的是一團的東西或感覺。練習看得越來越細，原來只是覺得不舒服，再看看那個情緒是否有不安全感、有嫉妒或有恐懼？能夠看得越來越清楚。

穿透力

看到一個表面的行為底層的原因，譬如你的員工犯錯，讓你很生氣，大罵他一頓，他很委屈，覺得這只是一件小錯，你卻大發雷霆，把他都罵哭了。這時觀照一下自己，覺察到你的情緒可能是來自恐懼，問自己恐懼什麼？發現原來這件事與你前一個工作經驗中的事件類似，前面的錯誤最後導致公司倒閉，你的恐懼來自那次的經驗，而非當下的這件事。所以雖然這次員工犯的是小錯，可是激發起你的情緒卻是大恐懼，他成為你恐懼的代罪羔羊。

當你能覺察到這種因果的關聯時，就表示你的觀照力已經又上升了一個台階了！恭喜你！但你要如何處置這位代罪羔羊呢？你願意說抱歉嗎？留給你思考一下，如果是現在的你，你會願意面對嗎？

讀後觀想

1. 將你的手機設定鬧鈴，寫著「能量層級檢查」，一天至少三次，最好能覆蓋三種不同的場景：獨處一人、與家人或親友、在工作場合中。在鬧鈴響時，閉上眼睛觀照一下自己當時的情緒，並觀看起心動念，檢查當下的意識能量層級，然後記錄能量層級的對數與相關的簡單描述。記錄一週後，將能量層級對數畫出來，看看自己的能量震盪起伏的狀態。

2. 每天總結前面的觀察，並寫下回答：

(1) 我在和誰做什麼時，正能量是較高的？

(2) 我在和誰做什麼時，能量是較低的？

(3) 正能量高時，我是什麼狀態（感受、思想、語言、行為）？

(4) 能量低時，我是什麼狀態（感受、思想、語言、行為）？

3. 對自己做一個承諾，「我是一個×××能量層級的領袖」，把那個層級畫出一條粗線，然後重複前一週的練習，畫出每個當下記錄的能量層級圖，再看看第二週的結果是否明顯不同。

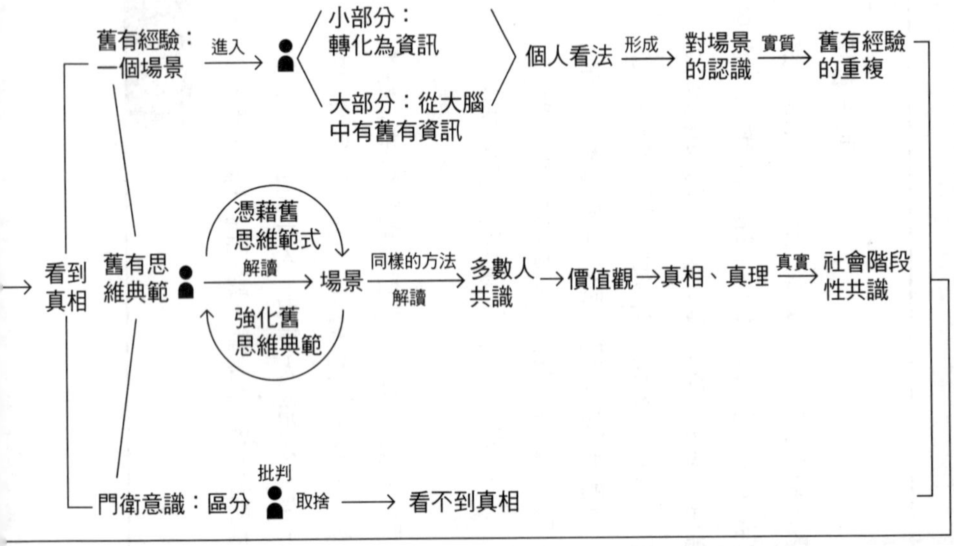
舊有經驗：一個場景
進入
小部分：轉化為資訊
大部分：從大腦中有舊有資訊
個人看法
形成
對場景的認識
實質
舊有經驗的重複
看到真相
舊有思維典範
憑藉舊思維範式
解讀
強化舊思維典範
場景
同樣的方法
解讀
多數人共識
價值觀
真相、真理
真實
社會階段性共識
門衛意識：區分
批判
取捨
看不到真相

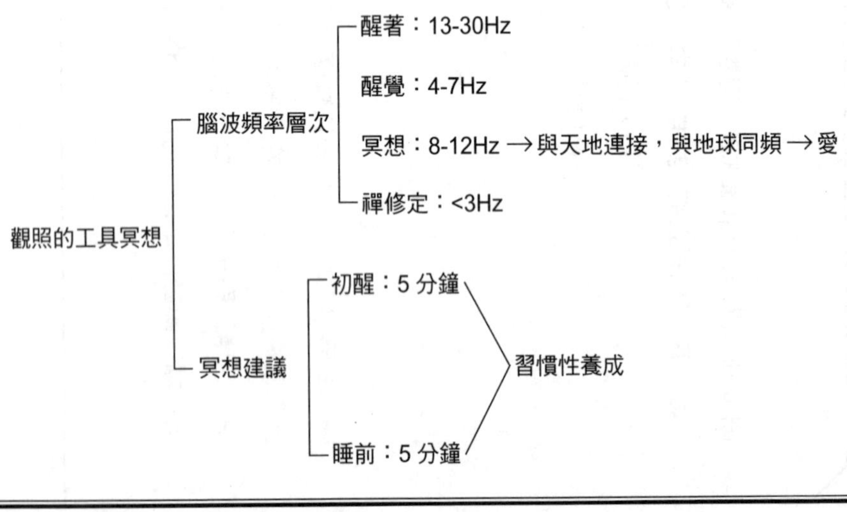
觀照的工具冥想
腦波頻率層次
醒著：13-30Hz
醒覺：4-7Hz
冥想：8-12Hz →與天地連接，與地球同頻 →愛
禪修定：<3Hz
冥想建議
初醒：5 分鐘
睡前：5 分鐘
習慣性養成

導讀思維構圖

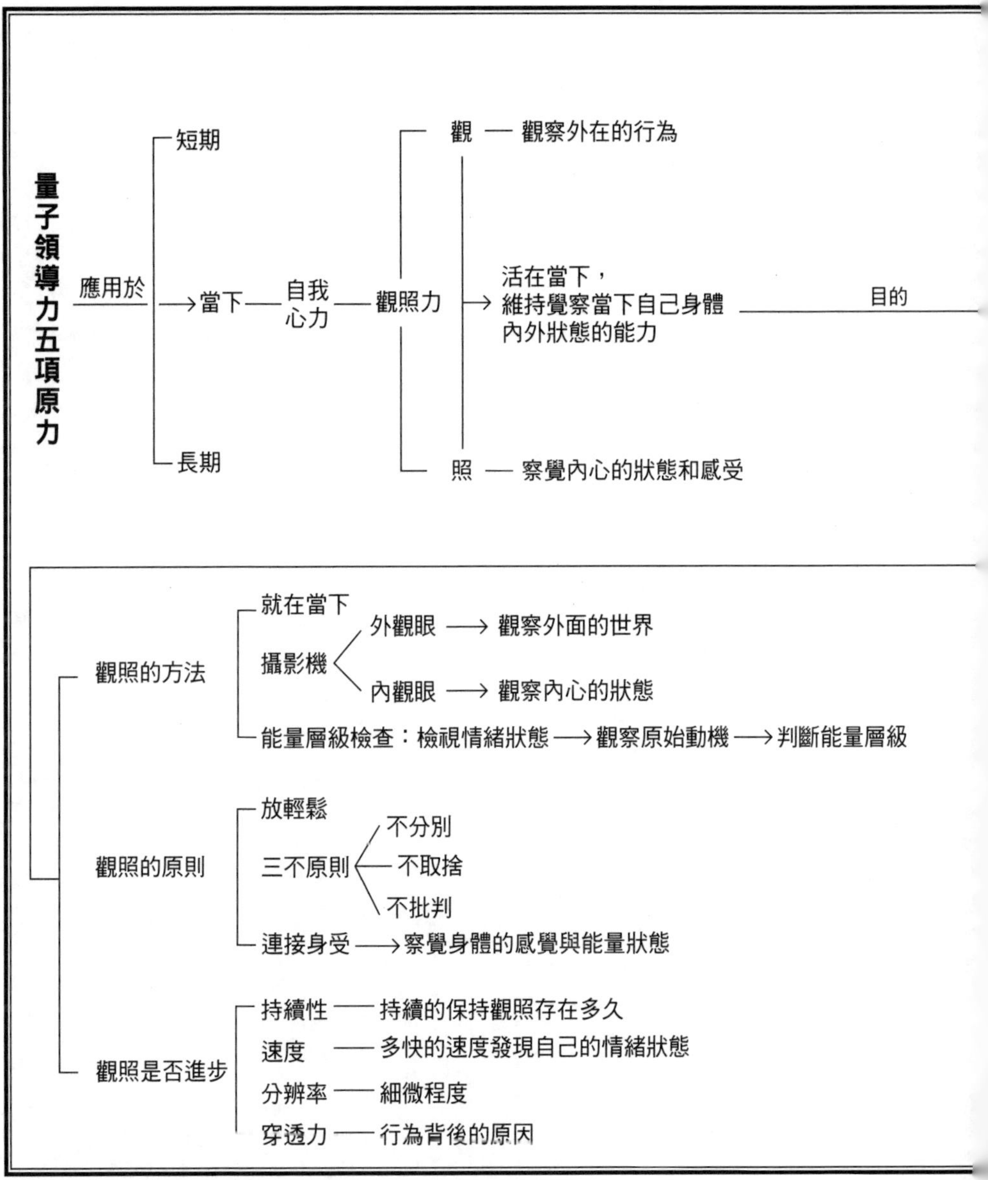
量子領導力五項原力
應用於
短期
當下
長期
自我心力
觀照力
觀
觀察外在的行為
活在當下，
維持覺察當下自己身體
內外狀態的能力
目的
照
察覺內心的狀態和感受
觀照的方法
就在當下
攝影機
外觀眼
觀察外面的世界
內觀眼
觀察內心的狀態
能量層級檢查：檢視情緒狀態
觀察原始動機
判斷能量層級
觀照的原則
放輕鬆
三不原則
不分別
不取捨
不批判
連接身受
察覺身體的感覺與能量狀態
觀照是否進步
持續性
持續的保持觀照存在多久
速度
多快的速度發現自己的情緒狀態
分辨率
細微程度
穿透力
行為背後的原因

第7章

化負能量為自由的空性力

對一切發生在我生命的經驗負一〇〇%責任，隨時用四句金言清理自己：

對不起，請原諒，謝謝你，我愛你！

——《零極限》，伊賀列卡拉．修．藍博士（Ihaleakala Hew Len, PhD.）

領袖五力就是量子領袖核心的五項原有的能力，分別應用在不同的場：當下、短期和長期的。在當下的情境反應是最具挑戰的，量子領導的修練最重要是在當下的觀照力和空性力。在瞭解並實操過觀照力後，現在讓我們談談空性力。

1 提升管理智慧，好壞皆由自己創造

在微觀的量子世界裡，我們認識到意識改變了物質由波到粒子的狀態；那麼在我們生命的世界裡，意識又扮演了什麼角色呢？我們的意識又是如何來改變我們的世界呢？

現在讓我們來一起互動一個故事。想像我現在來到你和一群朋友面前，拿著一枝筆，問你：「這是什麼？」

大家會說：「筆！這是一枝筆。」

我回：「是的！這是一枝筆。」大家都認為這是一枝筆，應該是個公認的事實，這個共識是否是個真理？現在要是有一隻小狗進來，我用這枝筆揮一揮給牠，你想牠會有什麼樣的反應？牠很可能就會把筆咬到嘴裡。那麼，對小狗而言這是什麼？磨牙玩具。小狗的鼻子很靈敏的，不會以為筆是骨頭，因為筆不香，所以筆對狗可能是一個磨牙玩具。再來，如果有個從小被拋棄在森林裡被母狼奶餵大的狼人，像電影中的泰山跑進來，他可能覺得筆更像一把匕首，可以用來殺蛇或小兔子等。

所以同樣的東西，決定它是一枝筆、一個磨牙玩具、一把匕首等，這些認定是從哪裡來的？你現在左手拿起一枝筆，右手比給我看，決定「它是什麼的」這件事，是從「頭腦裡面」來的，還是「外面」來的？如果我們把筆放在這裡，我們大家、小狗、泰山都走開，這時候它是什麼？如果是小狗先進來，那它就是磨牙玩具；如果是泰山先進來，它就是一把匕首；我們人先進來，那它就成為一枝筆。所以，「它是一枝筆」這件事情是從「頭腦裡面」來決定的，不是由這支長條形的物品本身決定的。

如果把筆拿給一個一歲多的小孩，他會怎麼反應？一開始當我們這麼小的時候，看到這支長條的東西，會放到嘴裡，因為那時候剛在長牙齒，我們也會把筆當作是磨牙玩具。我們也都是從這種狀態過來的，不是一開始就會認為它是一枝筆的。所以「它是一枝筆」這件事是在我們腦中有一個意識，我們稱為一個種子，與這個外面的事物相對應的東西在，它才成為了一枝筆。

所以再次的證明，我們認為它是一枝筆，這件事是因為我們的意識中有一個筆的種子存在，與「它是一枝筆」相呼應，所以是從我們裡面投射出來的。

今天我們再看看，除了「筆」之外，辦公室的任何物品，哪一樣不是像筆一般是從「裡面」來的？沒有！沒有例外！再想辦公室以外，全世界的任何東西也都是這樣的。所以現在我們可以用這枝筆來代表世界，代表一切我們認知的世界，都是因為我們「裡面」先有，才有辦法認識這個世界。

心理學家有很多實驗，把一些失去記憶的人，腦部受傷害的人，看到以前的東西，沒辦法認出是什麼。這就更加證明，所有的一切都是從「裡面」而來的。

現在，我們用這枝「筆」來代表世界。如果你的結論是：每一個人因為他的背景因此認知會不一樣，那你就是停留在認知心理學的層次；人會對於觀察到的事實加以投射進而形成自己的認知。如果你把理解這件事的層次再拉高，你從一個更高的視角看到筆，看到各種觀察者，以及形成各自認知的多視角、全場景，就會發現萬事萬物本身無法決定自己是什麼，而是由每一個觀察認知的人來決定它是什麼。

就比如說「我」，我沒有辦法決定我在每個人的心目中是什麼，我說我是好人，但實際是由每個觀察我的人心中的認知決定我是什麼。我們把這個事實稱作「空性」，就像一個透明的玻璃杯，被倒了牛奶就是白色，被倒了蔓越莓就是紅色，被倒了奇異果就是綠色……「我」是空性的，在每個人的心目中會有不同的認知，你們會從心目中倒入不同的顏色。

「你」也是空性的，在我心目中跟在老闆心目中的你是不一樣的。你伴侶、你公司的老闆是不是空性的？萬事萬物都是空性的，世界上沒有任何事物可以決定它自己本身是什麼，都是空性的，是由人投射顯化的。現在把視角倒轉過來來看，那就是我們的世界都是空性的，都是由「我」投射的。

所以「筆的故事」給我們的第一個啟示是：世界上萬事萬物都是空性的。佛法裡，談的空性還有更深層的意涵，但就現在我們談領導力的範疇裡面，這個理解就夠了，萬事萬物都是空性的。因為事物是空性的，來自於我。既然這個投射與認知來自於我，我就可以改變，我就可以選擇用什麼樣的投射與認知來看待這件事，所以它就具有無限的可能。換一個不同的人或換一個視角去看它就不一樣了，所以它具有無限的可能。

因一切都是空性的，所以一切由我。當你開始認識這件事情的時候，它給你帶來了一個好消息和一個壞消息。壞消息就是從此以後，你人生中發生的所有事情再也沒有藉口埋怨別人，因為一切由我。市場景氣不好；生意不好，不能埋怨政府稅額太高了；心情不好，不能埋怨伴侶不好；我再也無法埋怨，因為一切一〇〇％由我。另一方面的好消息是既然一切由我，那我就可以去創造，可以拿回生命的主控權，可以做生命的主人。

從這裡我們就延伸出一個很重要的「三個一〇〇％」的定律：

一、世界一〇〇％是空性的，像電影放映前的銀幕都是空白的，開演之後，我們就進入到劇情中，是喜劇，我們笑得花枝亂顫；是悲劇，我們哭得稀哩嘩啦；但每個觀眾的反應也不一樣，因為那是空性的，是經由觀察者投射認知決定的。

二、我現在的世界一〇〇%是由我創造出來的。今天、昨天、十年前空性一直都存在的，一直都是經由我投射、認知、選擇、決定、反應與行動來創造。雖然你可能不喜歡這個結論，也不管你同不同意，但事實上你現在的世界一〇〇%是你的創作。

三、我未來的世界也是一〇〇%我可以創造的。既然我的現在一〇〇%是由我創造的，那麼未來的世界一〇〇%也是我可以創造的；這是一個天大好消息。因為有了這個基礎，你知道人生一〇〇%是你可以創造的，你拿回了對生命與自己世界的主導權，你就開始有力量與能量來創造未來。你只是需要知道方法和原則。

所以如果要定義什麼是「空性」，最基本的定義是，宇宙間的萬事萬物無法定義本身的特性是什麼，因為其特性是由觀察者投射決定的。這個來自佛家所說的「空性」的認知，和量子物理在微觀世界實驗的證據是出奇一致，意識與觀察改變了物質由波塌縮為粒子。這個世界不是絕對客觀存在的物質世界，而是每個人主觀投射所形成的世界。佛教徒對於空性的認識與實踐，比我們這裡的定義更深入，甚至最後經由證悟空性，達到開悟的狀態。

因此對空性的認識對於領導人而言，可以說是智慧提升的起點，因為從此以後你看待世界的態度與角度會完全不同。當你開始認識到由空性觀展開的三個一〇〇%後，你就是個能為自己人生的一切負一〇〇%責任，並且能一〇〇%創造未來的領導人了！而這也正是在能量層級表上，為何「勇氣」層級是把負能量轉化為正能量的關鍵層級的原因。

2 尊重因果規律，才能完成領導心願

可是當我們知道這個一〇〇%的關係後，發現有一些事還是不能直接達成我們的心願。比如說我想讓一枝筆變成鑽石，變成鑽石多好！我們對它念咒語「#&%#&%#&」念了一百萬遍還是無法變成現實。所以當我們說一〇〇%是由我們創造時，我們實際上隱含了另外一個前提，那就是這個世界還是有「因果關係」在運作。我們要在因果的規律下，去創造我們一〇〇%的世界！

所以，我們來看看這個因果的規律是如何運作的。我們知道「大道至簡」，所謂的「大道」一定可以運用到世間所有的事物上，所以幾千年都可以被沿用。既然這樣，我們觀察「大道」就變得很簡單。去哪裡觀察？去大自然觀察。從「大自然」中觀察體悟原理與規律。在大自然裡，我們看到要長出果實，一定要先有種子。有了種子，放在土壤裡，澆水施肥後就發芽，長出樹葉，長出花，最後結成果實。我們就簡單地把最前面的種子當作「因」，最後面的果實當作「果」，就形成了所謂的「因果關係」。

如果我們更仔細的分析，種子雖然是「因」，可是它本身的條件無法直接結成「果」。還需要把種子種到土壤裡，給與水分和養料才能破土發芽。發芽後，還要加上空氣和陽光才能繼續成長，成熟、開花、結果。那麼這些條件都是因嗎？在邏輯學上，我們稱種子為「必要條件」，沒有它不行。土壤、陽光、水都是「充分條件」，有了它們最後的結果才能呈現。因此我們就稱這個必要條件為「第一因」；因為它必須是第一個存在，後面的反應與進程才會發生。

如果我們繼續觀察這個「因果關係」，就發現不同的植物有不同的因果完成週期。像豆芽菜，你把豆子放在水裡，大概兩、三天就會發芽；如果你要吃西瓜，大概要種九十天；如果你要吃蘋果呢，從種下種子到結果大概要七年的時間；如果你要吃龍眼，那就要十二年的時間。所以，我們明白因果的循環會有不同的週期。

由「自然界」的規律應用來觀察「事務界」，在管理的世界裡，時薪制勞工每天只能吃著豆芽菜，他們每天按照小時領薪資；什麼樣的人可以吃西瓜？業務主管大概要努力一個季度，然後可以拿到季度提成獎金，就可以吃西瓜了。越高的主管從因到果的週期就越長。什麼樣的人可以吃蘋果？更高的經營者或創業者。你要是帶著創業的心的話，至少要六、七年的時間。那要吃龍眼的話，你最好要做一份具有使命感的事業，「十年磨一劍」，用十年的時間創設一份永續事業或領先行業的精品。所以在空性的基礎上當我們要創造未來時，同時要尊重事物從因到果的自然週期。

3 掌握四大因果法則，更能快速解決問題

經由深入觀察自然界，我們就會發現自然界有四條簡單的因果法則：

因果關係必定存在「類似性」

在生物界，你生的小孩，一定是跟你或你的配偶有點像。在植物界，種瓜得瓜、種豆得豆，每種植物也會遺傳，而這繁衍生殖的類似性就是來自基因。大自然生命界的規律很清楚，放在我們每天面臨的事務界來看的話，其中也有類似基因的因果關係，我們稱為「類似性」，你所得到的果與你過去種的因一定有類似的關係，不可能是不相干或隨機的。

但我們就會經常有一些誤區。比如說，要是你小時候騙媽媽說，老師要你買筆記本，需要十元，結果你拿著十元去買冰棒吃。你是否會以為，好像撒謊可以拿到錢，撒謊是拿到錢

的「因」呢？我們都知道答案是不對的。它們之間沒有類似性。但你之所以可以拿到錢，是因為媽媽對你的信任，或之前幫助媽媽做過什麼事，錢是價值的儲存器，錢的來源一定和錢與價值有關。那你撒謊這個「因」還有新的「果」，還沒發生而已，最後你還是要為撒謊（因）付出應有的代價（果）。這就是類似性的法則。

所以如果你想要賺錢，是不是只有辛勤工作就可以賺到錢？不一定，根據你辛勤種的因是什麼而定的。「天道酬勤」，「酬」的不一定是錢。因與果之間一定必然存在著像生命界的基因一般的「類似性」。

因小果大：種子期是決定成敗的關鍵

一顆蘋果的種子，種出一棵蘋果樹，長出的蘋果，可能可以再長數十年，所有的果實加起來比當初那個種子要多得多。再大的參天大樹，都從很小的種子開始的。所以種子很小，果實卻很大、很多。真正聰明的企業家、投資家，如果能看的懂什麼是好的種子，都會想要投資在種子期。因此為何聖賢們都會勸我們「勿以善小而不為、勿以惡小而為之」，善惡的種子都會長的巨大。

小的時候，你撒了個謊，拿到十元；以為撒謊可以獲得金錢，這樣的錯誤導致你後面可能虧的會是這十元的幾千倍，所以勿以惡小而為之。瞭解這個因小果大的原則之後，有智慧的人就知道划不來，自然不會去犯錯。反之，如果你一直做好事、幫助別人、為別人著想成為你的習慣，那麼這些善的種子也會為你帶來成千百倍的回報。

必無性：沒有種子就不會有結果

如果沒有「因」的話，一定沒有「果」。如果你沒有蘋果的種子，一定種不出蘋果樹。以現在人類的科技也沒有辦法發明出一個人造的種子。種子是必要條件，是第一因，沒有種子就不會有果。我們要瞭解現象界發生的一切都是「果」的呈現，所以，當你面臨一件事發生時，即使你不願意承認或接受這個「果」，但是既然有一個「果」出來的時候，根據「必無性」，你就知道前面必定有一個「因」存在。

所以「必無性」就是告訴我們「有果必有因」。只是一般人看不到這個因與果的連接關係。所以當你面臨一件事不如你意時，不要到處去找外部的原因，只要問我是否對於這件事的成功準備好足夠的條件，種好足夠的種子呢？因為一定要條件具足了，成果才能呈現。

必有性：不必擔心付出沒有回報

有因必有果，因為種子是結成果實的必要條件。但所謂的「必有果」的意思是：不一定在你有生之年發生。有一句話「善有善報、惡有惡報，不是不報，時候未到」。其實，這裡所說的時候未到，應該說是條件未到，而不是時候未到。考古學家在埃及金字塔下挖出來的種子已經四千多年了，提供它相對的條件：水、陽光、土壤、養料，它還是會發芽。這就是「必有性」，你有種子，條件到了，就會發生。

因為瞭解必有性，在生命中我們就可以大膽地播種種子，根據我們想要的果，去種出一塊美麗豐盛的花園，甚至森林。不管你想要的是財富、美妙的伴侶關係、成功的事業、同心的團隊等，你只是需要去種相對應的種子。它們彼此可能有不同的週期成熟，但基於必有性，你知道你不會吃虧的。這也就是聖賢們告訴我們：「聖人畏因、凡夫畏果。」懂得這個道理的人，只是專心地種善因，知道果的呈現只是時候與條件成熟的問題，一點都不擔心。

瞭解四項法則，身為領導人，想要創造什麼情景的結果，就可以開始去運用。想要什麼樣的結果，你就去種什麼樣類似的因。

然而再仔細推敲，因果關係在時間軸裡是呈現一個鏈條的。所以第一個「因」產生第一個「果」，這時又種了一個新的「因」，然後又產生一個新的「果」。在這個過程中，有時不同因果週期的關係之間會交錯。

比如說，你賄賂官員，得到一片土地，花錢整修土地，蓋了房子，賣了賺了一大筆錢。所以你會認為，賄賂官員是賺錢的因。但不對，因為他們之間沒有類似性。賄賂官員最後的「果」是什麼？是有刑責。因為你從違法到伏法，這個關係是具有類似性的。你賺錢是因為你願意投資一筆錢去創造一個好的條件，讓別人可以改善他們的居住環境。但你賄賂官員這件事，不是你賺錢的「因」，雖然發生在前面。這幾件事會在我們的現實生活中交錯，如果向在賺錢沒被抓到之前看，可能會認為賄賂沒有問題，而且因此還賺了錢。

但如果你用更長的時間來看，就會看到這個多重因果的交錯，也就能配對出來。如果你只是從事件的時間次序來看，就會混淆。我們必須從因果的四項法則，才能看清事務背後的原理。

其中還有一個重點。在每個當下，你所看到的現象都是一個「果」的呈現，是你在前面已經種下的「因」，而現在呈現了「果」。因此正如空性的第二個一〇〇％，一切一〇〇％都是我創造的，因此你完全接受了這個結果是最好的策略，因為即使不接受，現在已經太晚了。一旦你能接受了，不再抗拒、懊悔、自責、埋怨、憤怒，這也為你創造了一個機會！你新種一個「因」的機會。

譬如你今天一大早上剛到辦公室，老闆指著你的鼻子說：「上週的事情，你怎麼會做得這麼糟糕！？」把你臭罵一頓。你可能覺得很冤枉，上週的事情不是我做的呀。記住這已經是一個「果」，如果這時，你覺得老闆這麼冤枉我，非常憤怒，說我不幹了！那這又是一個新的「因」，會讓這個誤會，釀成一個更大的傷害。如果你的反應很淡定地說：「老闆，你是不是冤枉我了？請先別生氣，讓我充分瞭解這個事情根源後，再來告訴你真實的情況。不管這件事情是誰做錯的，我們先把這件問題解決再說，好嗎？」事後老闆發現這件事情是自己搞錯了，錯怪你了，但你不但不會因生氣就離開，而是積極解決問題。老闆會想，這個人一定要好好栽培才行，不是嗎？

所以本來是一個壞的「果」，結果轉化成一個種好「因」的機會。所以在每一個當下，我們都承受了一個「果」，同時創造一個新「因」的機會。所以，要記住「當下即是種因時！」我們一直在強調當下的智慧、當下的抉擇，所有領導力的考驗都在當下決定的，但所謂的當下，一切發生得太快了；如果沒有修練，所有的當下你都會錯過，然後再來反省、檢討、後悔就太晚了。所以領導力的修練是要「搶速度的」。

4 勇於接受因果，就算失敗也能再起

在能量層級表裡，我們知道關鍵的轉折點在勇氣。勇氣即是能以一〇〇%負責的態度面對人生中所發生的一切。一〇〇%？一定要一〇〇%嗎？總有些不是我的錯呀？是的！一定要一〇〇%！當你瞭解了空性與因果的原理後，你就知道一定是一〇〇%，沒有例外，因為萬事萬物一〇〇%是來自於你的投射，就像電影放映前的銀幕。

以空性力面對一切，並且認識到「當下四力」中的念力是「意識的國王」可以決定最後的方向！這是量子領導力的祕密！為什麼？因為很多人把自己的生命交給了《易經》推算出來的命運，交給了業力，交給了這些「有規律推算」的東西！而忘了當你真正有念力的時候，有了覺察就可以有所選擇。

譬如你命中的特質是很恐懼在眾人面前說話，但你決定公眾演講是你未來事業很重要的一部分，這個願力就可以引領你，帶著念力，帶著覺察，在恐懼中一邊練習演講，最後你還是可以成為一個非常棒的演講者。因此在領導力的修練過程中，培養你的「念力、觀照力」

就是最重要的事了。

實際上，在整個修行的路上，培養觀照力也是一直都會是很重要的課題。念力就等於觀照力加上你的選擇。當下的四個力量，念力在所有的力量中是權力高於一切的。只不過大多數的人並沒有機會開發這個原力。

我們不能光談空性而不理解因果，這樣就會完全失去方向。但你若是只談因果，不瞭解空性，就會被命運卡死。在我們的社會，特別是很多女性嫁了老公，感覺命苦，但相信「嫁雞隨雞、嫁狗隨狗」。認為沒辦法已經嫁給他了，這是我的命，反正是上輩子欠他的。

我有位學員就是這樣子。我看她愁眉苦臉，問她怎麼回事，她就講她的命運有多苦。因為嫁了一個愛賭博的老公，把她辛辛苦苦賺的錢就拿去賭博，還欠了賭債。她覺得沒辦法，上輩子欠他的。在她瞭解了空性和因果之後，她現在準備回去離婚了，整個人又重新恢復了生命力，對未來充滿著希望！因為她接受了這個錯誤的選擇，並且願意一〇〇％負責，直接面對這個果，選擇重新出發！

所以一個人一旦覺醒，就可以決定自己的命運！因此，空性和因果就像銅板的兩個面，彼此相連著，必須一起看才完整。

5 無論什麼立場和背景，都能讓管理更靈活、親和

領導人在面對不同場景和對象的情況下，需要做出迅速的判斷與決策。尤其是越挑戰的職位，面對的潛在衝突越多，反對你的、支持你的、冷漠的、熱情的，呈現不同的態度和意見。如果你不瞭解世界的空性，只是在應付外面世界的多元主張會讓你疲於奔命。要是你深刻體會了空性，知道這一切都是空性的，而你對其他人的看法也來自你的投射；因為來自於你，所以可以改變。只要你改變了，周圍的人就會改變。

在能量層級裡，我們認知到所有的人都喜歡靠近比他高能量層級的人。當你是在欲望層級中，每天為得與失痛苦時，自然會羨慕、欣賞並喜歡親近那超越眼前得失的淡定、主動層級的人。當你的能量層級提高，對事務的看法也會不同，會更加開闊、更多對人與世界的愛；你會看到更多人的更多可能性，周圍的人與事也自然跟著改變，大家更支持你，更喜歡親近你。

另外，當你充分瞭解空性，也就是瞭解同樣的一件事務，可以有無限的角度來看待；不

同的人、不同的立場、不同的背景都會帶來不同的看法。因此你不止不會是一個固執的領導人，更能夠迅速地同理其他人在不同背景與立場下所投射出來的看法。這會讓你自然成為能夠包容眾人意見與立場的領導人。

帶著空性觀也將讓你更有創意，更自由開放、更有彈性、更親和、更能解決很多複雜的關係與結構上的問題。

因此，我們把這種能隨時隨地帶著空性觀的領導能力稱作「空性力」！

6 沒有任何事可以困擾你，讓心自在的空性觀

當我們明白了五官所能感受到的世界，實際上只是我們心中意識的投影，投影源實際上在我們內心的意識。我們的價值觀、信念、情緒、思維典範，形成我們內心的意識。是內部的意識框架決定了我們對外部世界的投射，顯化為外在世界的樣貌。所以才說一切是由內而外的，我們需要為我們的世界負一〇〇%的責任。

空性力就是能夠隨時隨地意識到這個事實，我的世界是由我投射出來的；既然是由我投射出來的，我就需要為它負責；同時既然是由我而來，就有機會重新定義它、重新創造它。空性力就是隨時隨地以空性觀來面對一切事物的能力！培養這種能力的挑戰點就是在「隨時和隨地」。

我們清醒時、在能量狀態好的時候、有方法提醒自己時，我們可以保持空性觀，那種狀態就是一切由我，既自由寬廣又多元豐富，是在一種創造的狀態。當你能以空性觀來對待事務的時候，就會發現沒有什麼事情可以困擾你了，你也就解脫了，自由了，內心也自在了。

所以不要誤解「四大皆空」，反正一切都是空的，人生還有什麼意思，所有的追求都沒有意義了！空性不是「空的」，空性指的是因為萬事萬物都是由觀察者投射決定的，因此事物的本性是空的。理解了我的世界來自於我的投射，所以我當然要為我投射的世界負責。

這個「負責」也不能誤會說，我們看到中東在戰爭，無辜的人民死傷慘重，看了令人錐心，但我如何為這件事負責呢？我是要對我如何看待這件事負責，既然我看到了，就是我內心裡有個與之呼應的「種子」，我可以藉著這個機會清理，並且為這個事件所受害的人們祝福，祝福他們能早日得到平安幸福的生活。如果你看到這個戰爭事件因此產生憎恨、憤怒，對這個世界的不滿與絕望，這個投射也是由你產生的。

我們看到了一個「果」，當下就可以選擇種下一個新的「因」，這樣你的世界就會越來越平和、越來越少災難，越來越多祝福。這就是空性的一〇〇%負責的意思。當然，基於你對這件事的關心，如果有一天，你有能力和機會去參與協助中東和平大業，斡旋於各國之間，消弭他們之間的敵對，那當然就是你能對世界的貢獻最大。所以在任何情況，你都可以為你的世界負一〇〇%的責任，而且讓這個負責累積對你生命更有意義的福報。

7 讓空性力回到原廠設定的開啟狀態

現在，我們瞭解空性力就是隨時能以空性觀來看世界，知道一切由我，運用三個〇〇%；道理已經知道了、理解了、接受了，接下來就是如何成為你的能力？首先，我們已經學會觀照，可以隨時知道自己的狀態。那麼就先檢視自己是否在「空性狀態」？也就是說你的空性力開關是否打開了在作用呢？如果能夠檢視，就能在失去空性觀的時候，很快地警覺，盡快地拉回來空性狀態；持守住「一切由我」，以及三個一〇〇%的信念！

在我們的智慧手機上有很多功能，是可以開與關的。在出廠時，廠商設定了一種「原廠設置」，然後你按「設定」的功能鍵進去後，就發現有很多功能是可以打開或關閉的。空性力在我們出生時是打開的。觀察嬰兒與兒童，他們是很自然地帶著「空性觀」。他們好奇、摸索，不會一開始就評判。但隨著生存的需要、要喝奶、要爭取關注、要比較、要競爭，業力的累積越來越多，也就逐漸失去了空性力，所以我們要把這個原有的能力找回來。

當你的空性力打開運作時，你會呈現一種放鬆、具有彈性、開放、淡定的狀態；如果你的能量層級再高些到了主動時，你更會呈現出具有創意，沒有什麼事不可能的無畏狀態。因此，當你發現自己不在這種狀態，而是呈現固執、對抗、鄙視、渴望、憤怒時，就知道現在「空性力」的開關已經關閉了，必須要打開。一打開空性力開關，就能馬上發現存在無限的可能。

同樣一個事務，帶著空性，你不只是知道一切來自於你，你也會知道對方為何看待這件事的視角和你不同，他也在投射他的世界。把大家的投射加進來，你就很容易找到一個新的視角，最後大家都會很樂意接受你的新看法。這不就是影響力，領導力的開始嗎？所以帶著空性力的領導所帶領的團隊合作大多是很和諧的，就算有任何爭執，也很容易找到新的共同點，達成共識。

在我的團隊對話中，經常大家掛在嘴上的就是「空性呀！」每次有個小爭執，一句「空性呀」，雙方就會退回原點，重新看待，就會很快找到新的共同點。

8 激發內在智慧，修練空性力

我們現在知道了空性力的威力，但如何提高自己的空性力？既然空性力是我們的原力，那麼就只要激發內在原有的智慧，就可以恢復我們這個能力了。在我個人修練及培訓企業家學員的過程中，設計了很多方法和體驗課程，也做了很多實驗，現在和大家分享一些有效的方法。

加強觀照，培養空性的基礎

觀照是領袖五力的基礎原力，需要不斷地加強。因為只有你能觀照到自己的狀態，才能真正發揮空性力的作用，否則就會「空談空性」，無法真正發揮「空性力」，所以加強觀照力是培養空性力的基礎。

冥想、靜坐，讓躁動的心靜下來

讓自己的心經常體驗安靜下來的狀態。經常有這樣靜心的體驗，當你失去空性觀照時，就能很快地覺察。否則心一直是躁動的，事情發生時，立即迷失在交互投射的鏡相裡，無法覺察，也就無法應用空性力了。

利用手機設定提醒機制

找出每天哪些時間或場景，你最容易失去空性，最容易有負面情緒，在你的手機設定幾個提醒時間，寫著「觀照、空性」，提醒自己。看到時就觀照自己的狀態，是否這二個開關都打開著。經常練習，以後就不需要再提醒了。

彼此提醒，創造空性場力

在當下四力中，我們瞭解到場力的重要和槓桿作用，可以讓我們更輕鬆的達到目標。因此有智慧的你，就可以為自己創造一個「空性場力」，找你的團隊、朋友或家人，一起開讀書會讀這本書，討論空性的道理與應用。大家都瞭解道理以後，就約好彼此提醒。可以用一個有趣的暗語，只要聽到這個暗語，就知道要觀照，要回到空性。這樣幾個月後，就會發現大家的空性力都大大提升了。

分享用空性觀重新看待事件

在你們有讀書分享會後，就可以要求每天打卡做「空性事件分享」。方法很簡單，每天找一個事件，一般是帶給你有某種負面感受，或受到局限希望突破的事件，譬如今天見客戶，他拒絕了我的建議，我當時很失望，結果就不是太好。那麼事後用空性觀重新看待那事件，你可能會發現，其實客戶並不是全然拒絕你這個人，否則他不需要花兩小時和你討論，在過程中，他也透露了很多他的需求和看法，但你太執著於自己的方案，因此聽不到他的心聲，錯過了與他共同創造他想要的方案的機會。

雖然是回顧，但因為你經過這個重播，重播的思考過程，在你的腦神經記憶中就會留下印記，重複練習三十天後，你就能具備有空性力了！分享時，建議的格式是：時間—對象—場景—事件—原來的看法和感受—空性觀後的看法和感受！根據我的教學與學員的實修經驗，這樣的練習效果非常好。

讀後觀想

1. 冥想：每天早上至少冥想五分鐘，並且在最後要出來前提醒自己，要用「空性力」來保護自己。有了空性力，你就很難情緒失控，或是因為過度執著而傷害了自己。
2. 教學相長：找一個你親近或是常一起工作的人，和他講筆的故事，講清楚由筆的故事到三個一〇〇%的邏輯關係。當你能對十個人說清楚這個故事時，你的空性力會大大的增長。
3. 空性事件分享：找幾個聽了你「筆的故事」的人，大家約好一起打卡，寫空性事件。三十天後你就會看到很大的進步。

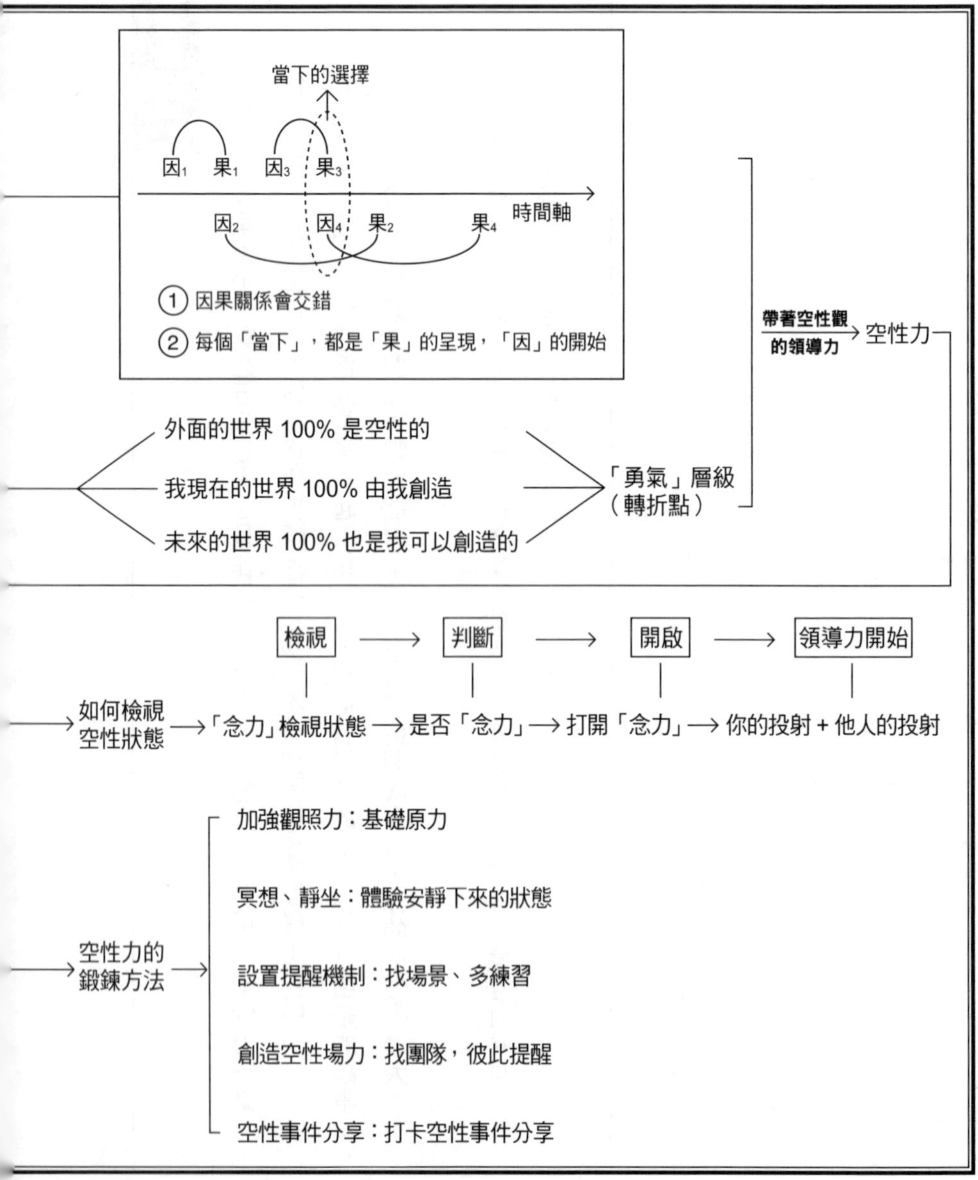
當下的選擇
因1 果1 因3 果3
時間軸
因2 因4 果2 果4
① 因果關係會交錯
② 每個「當下」，都是「果」的呈現，「因」的開始
外面的世界 100% 是空性的
我現在的世界 100% 由我創造
未來的世界 100% 也是我可以創造的
「勇氣」層級
（轉折點）
帶著空性觀的領導力
空性力
檢視
判斷
開啟
領導力開始
如何檢視空性狀態
「念力」檢視狀態
是否「念力」
打開「念力」
你的投射 + 他人的投射
空性力的鍛鍊方法
加強觀照力：基礎原力
冥想、靜坐：體驗安靜下來的狀態
設置提醒機制：找場景、多練習
創造空性場力：找團隊，彼此提醒
空性事件分享：打卡空性事件分享

導讀思維構圖

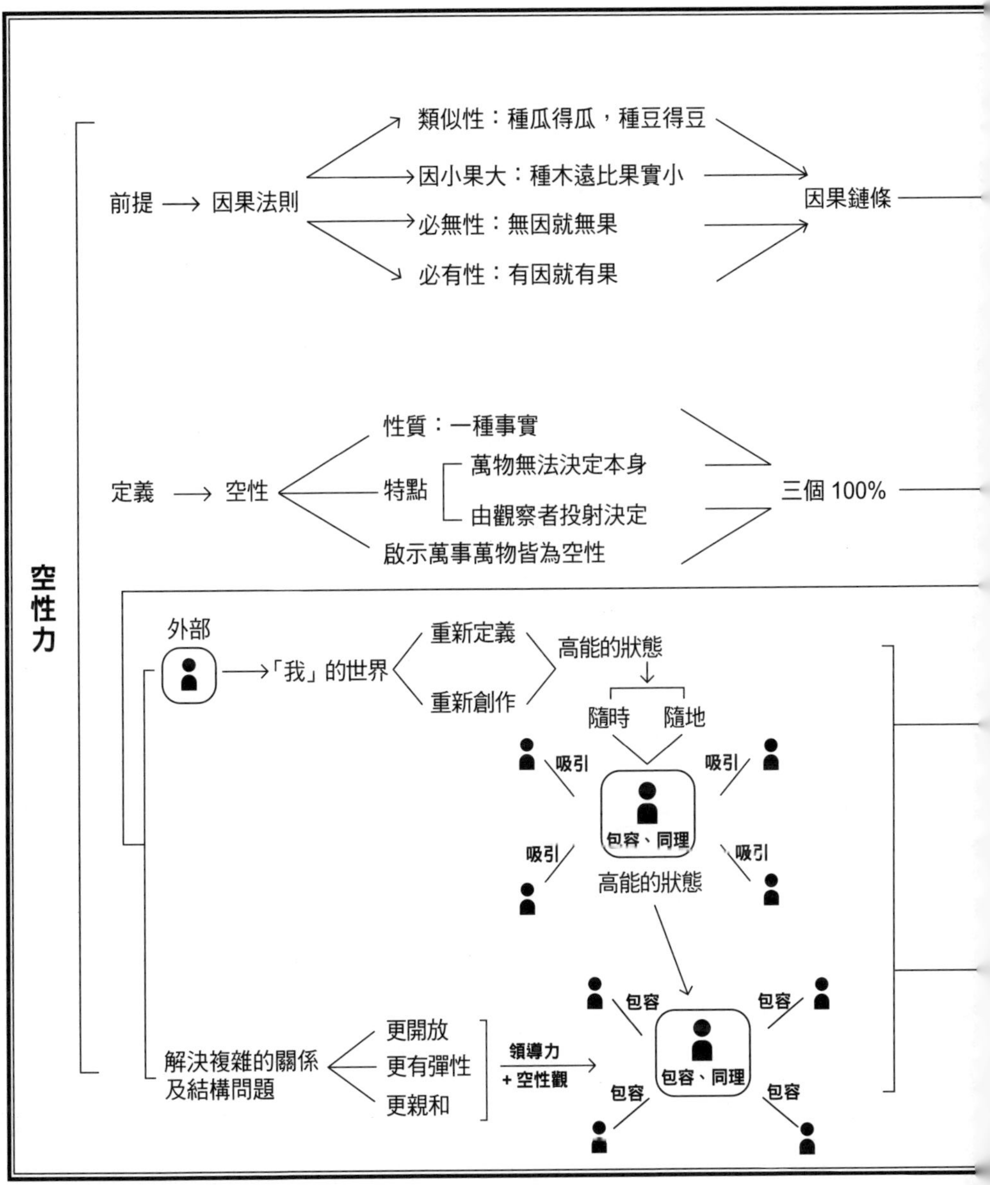
空性力
前提
因果法則
類似性：種瓜得瓜，種豆得豆
因小果大：種木遠比果實小
必無性：無因就無果
必有性：有因就有果
因果鏈條
定義
空性
性質：一種事實
特點
萬物無法決定本身
由觀察者投射決定
啟示萬事萬物皆為空性
三個 100%
外部
「我」的世界
重新定義
重新創作
高能的狀態
隨時
隨地
吸引
包容、同理
高能的狀態
解決複雜的關係及結構問題
更開放
更有彈性
更親和
領導力
+ 空性觀
包容
包容、同理

第8章

讓你迅速從谷底翻身的調頻力

大道廢、有仁義；智慧出、有大偽；六親不和、有孝慈；
國家昏亂、有忠臣！

——《道德經・第十八章》

領袖五力就是量子領袖核心的五項能力，分別應用在不同的場景與反應週期：當下的、短期的和長期的。我們也瞭解當下的是最重要的也是最難的，這一部分從修練的角度主要的兩個力是觀照力和空性力。在短期反應時間方面，會有稍微長一點時間，從幾秒鐘到幾天，我們稱為「調頻力」。長期的則有包容力和洞察力。其中調頻力又分自我調頻和自他調頻。

成功人生所需要的一對翅膀

我在輔導很多創業者的過程中，特別是對於已經有些創業經驗或成功基礎的客戶，面對行動網路時代的市場需求，必須進行企業的轉型與升級。其中有位創業者，我們叫他老B。老B是位熱心腸，行動力又強的青年。二十歲大學肄業就開始折騰創業，三十歲不到就賺了第一桶金，典型的少年得志。想用他的第一桶金再創更大規模的事業，選擇了汽車通路的行業；鑑於行動網路方興未艾，決定鎖定在新形式的汽車電商上。這種新的商業模式需要的核心能力有很多不是老B的專長，所以他找了幾位合夥人一起。

第一次他來找我尋求輔導時，我問他為何要創業，夢想是什麼？他說：「我的夢想是在我身邊有五個人會因為我有上億的資產，十個人以上有上千萬的資產，我的事業是過百億規模的企業。」那個時期的市場極度樂觀，就像我二〇〇〇年在矽谷創業前，網路泡沫未破滅時，資本市場拚命追求各種有夢想的項目和創業者。

在中國，汽車行業是個人民幣萬億級別的產業，所以談個百億級別的規模並不稀奇。但先說他的夢想是周圍要有這樣的千萬、億萬富翁，這倒是少見。基於此我就接受了他的邀請。這個夢想基本上已經可以看出他的格局和胸懷了。

和老B相處、共事是很愉快的。一起吃飯時，他一定會先幫你夾菜、盛湯，然後再自己吃。他總是會先照顧身邊的人，然後再自己享用。他做得很自然，而且不只是因為我是老師才如此，他總是會先照顧坐他周邊的人。但畢竟是年輕，雖不是氣盛，卻很浮躁，開會時很難讓他安靜下來聽別人說完話，總是不斷地有新點子，然後就去行動。

所以，身為企業教練，我對他是既愛又氣。每次開會整理好的方向、計畫，不久又打回原形，做了他自己慣性的事，就這樣持續了一年。直到有次，董事會對他有嚴重的批評，他自己也覺察到未能善盡CEO的職責，讓董事和股東們失望，感到愧疚。

他想要奮發圖強，自己起了「決定改變」的心。身為教練，這是個絕佳的機會。我們很難去改變在順境中得意的英雄，但我們很容易改變在逆境中不願沉淪的落難者。因此我很嚴肅地告訴他，是否願意下真正的功夫，徹底改變自己，調整自己的生命狀態！從那時開始，我才能開始教他量子領導力中「馬步功夫」，開始打基礎功。

沒想到，好景不長。後來，他們股東內部起了異心，有股東同床異夢另起爐灶，核心團隊間開始分裂，公司陷入危機。其他股東建立起新的競爭性企業，挖公司的牆角，要求他歸順到新的公司。他幾乎走投無路，沒有更好的選擇。但這時候就看出他天生的領導性格，他寧可退回他的原點，也不願屈服於他認為不公平的局面裡。

在他痛苦選擇的過程中，我們經常在電話中進行「教練對話」。我鼓勵他，繼續精進的修練，因為面對越困難的局面，越需要更高的能量和力量。我問他，你是想放棄還是要東山再起？那時候他幾乎是四面楚歌，公司、個人的問題像併發症般地接連而至。可是他毫不猶豫地說「當然要東山再起！」我並不意外，這會是他必然的選擇。

我給他的建議是反其道而行，不要再到處去找錢，而是要下更人的功夫在自己身上、調整自己的能量狀態，讓心靜下來；然後就能看清楚局面，看到新的轉折點。同時當新的機會來時，他也會有好的狀態去迎接，這樣才能東山再起。就這樣他開始一邊面對外界複雜、艱難的處境，一邊下內在自修的功夫，下深的功夫。有一天，在他的朋友圈看到他在公司待到很晚，然後走了三小時回家，我知道他已經可以進到一個較深的寧靜中了。

結果奇蹟般在幾個月的期間，他的情況開始好轉。原來孵化的項目獲得了新的投資，一年之後這些項目進一步獲得融資，他個人就從很深的債務中，成交了上億的變現。真正如他所願，身邊有不少人都有了過千萬的資產。回顧一年前他在最低谷的時候，這些團隊信任他的未來，各自砸鍋賣鐵地拿著錢投奔他，擁護他繼續領導，員工不但不拿薪資，還拿錢出來請他當領導。如今，這些員工都興奮地表示，他們跟對了老闆。

老B的故事，正說明調頻力的重要。事後回顧，當他在谷底時，內外焦灼，最容易陷入憤怒、絕望與恐懼之中，那是一種漩渦般向下螺旋的負能量狀態。如果他不自覺自己的狀態，任性地發展，最後就很容易一蹶不振。但他很有覺察，能用空性觀，勇敢地接受這發生的一切，然後自我調頻，讓自己可以經常保持在「勇氣二〇〇」之上，所以他能不被負能量的漩渦拉下。當機會來到面前時，不但能看到、抓到，員工願意主動地跟隨著他，更重要的是投資人就有信心把錢交給他，讓他繼續操盤，所以他的翻轉就奇蹟般地神速。

老B的故事也見證了我所深信的這些內在修練的力量。雖然每個人的際遇與性格不同，表面現象的結局可能不同，但內心力量的威力是毫無疑問的。這也促進了我要把這些心得匯總起來，讓在企業界更多像老B這樣的人能夠受惠。所以讀到這裡，我們都要感謝老B，是他激發了我要來分享「量子領導力」的動機。

從他的案例我開始深刻地意識到一個CEO要成功，需要一對翅膀，我過去只輔導戰略，以為只要戰略方向對了、模式對了、方法對了，公司就能成功，忽略了另外一隻翅膀。這對翅膀就是「戰略」與「領導力」，缺一，事業就不能起飛了。光有正確的戰略要是沒有領導力，無法有效組織執行，凝聚上下一心；要是光有領導力卻走上錯誤的戰略選擇，也可能是枉然；當然好的量子領導力領袖，會讓團隊成員都以整體意識來運作，戰略上的錯誤也會減少。因此，有效的戰略與領導力成為CEO要成功最重要的兩種能力！

1 調高內在心靈意識的頻率

我們進一步來探討調頻力，這個讓老B從谷底翻轉上來的內在力量。調頻力，就是調整內在心靈意識的頻率，進而提高能量層級，到達正能量的層次，進入了向上螺旋的狀態。

當我們在負能量層級，譬如欲望、驕傲時，我們是由外而內取向的。我們有時會感到快樂，大多時候會感到痛苦。在欲望層級時，當我們欲望被滿足了就很開心，業績達到了、吃了一頓美食、和愛人一起去旅遊等。在驕傲的層級時，當我們贏過別人了，我們就很得意，感到很驕傲，很有成就感；但當我們輸了、失敗了、比不過別人時，就會愧疚、自責，甚至自卑。

所以當你開始觀照，有所自覺後，就會發現在「勇氣二〇〇」以下的負能量，會讓我們痛苦，會讓我們在生命中以同樣的模式不斷循環，進而激發我們想要向上調頻的動機。可惜大多數的人沒有這種自覺，只是享受著這種欲望－滿足、失望－痛苦，這樣的過山車迴圈模式，直到受夠了厭倦了，才會開始尋求解脫之道。

2 內在頻率決定領導方式、員工士氣與組織發展

身為企業領導人或家長，我們的話具有強大的威力，我們的看法不止影響自己的決策，更影響了身邊的人的價值取向與行為。當我們對事務有一個看法時，我們就會根據那個看法去推演、思考，最後形成我們認為的「理性決策」。但我們知道是什麼在影響我們看法嗎？如果我們在形成看法之前有一個隱藏的力量存在，我們卻不自知，還認為我們的決策是理性的，那是否很可怕？也可能很愚蠢？我們當然希望知道，如果我們的看法不是真正理性的看法，那是什麼力量在影響著我們的看法呢？

在管理的環境中，員工犯錯是常有的事，如果因而導致公司虧損，勢必讓公司領導重視。然而在這個情況下，在不同能量層級的領導會有不同的看法。

如果領導在「羞愧」的意識層級上，就會認為我太無能了、好丟臉，我可能不能管理。

在「內疚」層級的領導就會認為，我把公司管成這樣，我對不起大家。

在「冷漠」層級的領導就會認為，犯錯的人就是該罰，罰錢、開除，沒什麼好說的，對

方的死活與我無關！

在「悲傷」層級的領導就會認為，我怎麼老遇到這種事，我沒有辦法了！

在「恐懼」層級的領導就會認為，要是每個員工都這麼犯錯，那還得了！公司就會被搞垮了！

在「欲望」層級的領導呢？有人犯錯了，為什麼還沒有人把他處理掉？因此在「欲望」層級的人，總是會希望別人來處理問題，而不是自己去解決問題。

在「憤怒」層級的領導會認為，犯錯的人太可惡了，一定要好好修理他。

在「驕傲」層級的領導會認為，這樣讓公司的管理層太沒有面子了，不處理掉怎麼行？

然而在「勇氣」層級的領導則會認為，員工犯錯一定是我們管理上有疏失或沒有好好培訓！這個層級的領導的看法就開始不一樣了，方向開始調轉了。

在「淡定」層級的領導則會認為，這次的事一定在給我們一些啟示，告訴我們公司應該如何改善，我們是有選擇的。

在「主動」層級的領導會認為，我們能夠及時發現這樣的事，就是要給我們改進的機會，我們應該把握這機會。

在「寬容」層級的領導則會認為，誰能無過？我們要從錯誤中找到對公司未來更好的做法，對犯錯的人來講，我們也要讓他因此而成長。員工和公司都會因為這件事而越來越好。

到了「明智、理性」層級領導則會看到，這個案例是完善公司管理系統的好機會，我們不只要治標，而且還要治本。

如果是在「愛」層級（有條件的愛）的領導則會認為，員工不是故意的，我們要幫助他在公司裡成長。

如果是「無條件的愛」層級的領導，則會認為，人性本善，相信員工知道錯了，自己就會不安，會積極改善的。

到「喜悅」層次的領導，則會認為，一切的發生自有其因緣，順其自然，自然就會好。

在「平和」的層級下，就會看到，大家都這麼用心，一切都會更美好的！

因此我們可以看到領導的內在頻率何其重要，這個頻率在底層決定著能量狀態，更影響著看法；當然會進一步影響著領導的決定、員工的士氣與組織的發展。想想你從員工的立場來看，你會選擇什麼樣意識能量層級的領導來跟隨呢？所以領導人一定要能隨時覺察自己的能量層級，並且能學會向上調頻，才能在面對任何情境時，將結果轉化朝正向發展。

3 像心靈意識地圖的能量層級表，是調頻的好工具

過去，我們在這些不同能量狀態時，頭腦中不能夠理解，無法準確地覺察。現在我們有了能量層級表這個工具，就可以很容易用來審視自己，知道自己是在什麼樣的狀態，要朝哪個方向走。就像有張心靈意識的地圖，知道朝哪個方向去調整。能量層級表的確很有威力，可以用來改變自己，提升我們的生命品質與能量等級，也能夠用來幫助別人，引導他們去到更美好的境地。

應用能量層級表，先看右邊的「情緒感受和表現」，這個大部分是你或者別人可以感受的狀態。比如說：你在「憤怒一五〇」的狀態下，是「憎恨」的情緒，你的語言和行為就會表現出來；你在「驕傲一七五」的狀態下，是「輕蔑」的情緒，當你瞧不起別人的時候，心中想著「這個人怎麼是這麼邋遢」，自己和別人很容易覺察到你的情緒表現。

比如說你在擔心，「我們以後有沒有飯吃」、「明年工作調整的話，是不是加薪的機會都沒有了？」或是「我們擔心孩子要是考不上大學怎麼辦？」一直在「憂慮」的情緒狀態，

這時你的意識層級就是在「恐懼一〇〇」。換句話說，因為你的底層動機是恐懼，害怕因為這些事會威脅你的生存，因此產生了這樣的情緒。

底層動機不是外顯的，情緒卻很容易感知。因此我們為了找到底層動機，就可以從表現的情緒反應入手。所以，尋找能量層級不在於你的行為、語言、表情，也不在於外界環境如何，而是你內在心理的底層動機，它決定了你的頻率，你的頻率進而決定你的能量狀態。簡單來說，外顯的情緒是你的路標，藉由外顯的情緒狀態去探索你內心底層動機的意識層級。

知道了當下的能量層級後，就可以決定你的目標層級，你希望用什麼樣的層級去面對目前的場景。譬如，你面臨一個企業客戶要取消訂單，這個對你的公司將會帶來一筆損失，你為了這筆訂單已經投入了很多人力和材料的成本。因為這個客戶是長期很有潛力的客戶，因此合約上你做了很多的讓步，口頭上他們也說不會有問題的。這時，你的第一個反應可能就是「憤怒一五〇」，他們怎麼可以單方面的取消訂單？

如果你能保持觀照，這時就在你情緒的高點先按「暫停」，停格來檢視你的情緒反應過程。首先，在「憤怒一五〇」的意識層級，你的情緒會是憎恨的，行為傾向是侵略的，因此你很有可能就是用粗暴的言語威脅對方，要求不能取消！但因為合約沒有約束，對方基於你的反應，一定不會給你好的回應。這時你的情緒會繼續往下掉，掉到「欲望一二五」時，你可能就是懇求他們不要取消；當對方不從你願時你的能量就會繼續往下掉，掉到「恐懼一〇〇」，心想「如果這筆訂單取消了，我這麼大的損失如何彌補，公司是否會因此倒閉？怎麼辦呢？」

這時你的情緒會轉為憂慮，行為傾向會是退縮，你陷入「憂慮一〇〇」後就無法繼續合理的爭取你的機會，就退縮了。這個過程就是一種「負能量漩渦」：渴望外界的順從來滿足自己的期望，如果外界不如所願，就會失望並產生負面情緒，進而意識能量持續往下掉。

有了這個覺察後，我們就要設法提高能量層級來處理這眼前的危機。是否可以直接用愛的層級來面對？一般而言很困難。很難從「恐懼一〇〇」的層級，直接轉化為「愛五〇〇」的層級。比較可行的調頻是先到「勇氣二〇〇」。

在「勇氣二〇〇」時，我們知道一切來自於我，我知道對於發生的事的認知一〇〇%是由我投射的，我接納生命中發生的所有事是由我投射的，我願意為這個投射負一〇〇%的責任。因此我不再埋怨對方，當初簽合約時就已經決定要承擔這個風險，多準備的人力和材料的風險本來應該是計劃中的事。有了「勇氣二〇〇」的轉折，就像撐桿跳高時的那支桿一般，給了我們助力。

現在，我們就可以決定是否用「主動三一〇」的層級來面對這個危機。氣定神閒地告訴客戶：「你們有權利取消訂單，只是身為親密戰友、合作夥伴，雖然這會造成我們的損失，但我們更關心的是為何要取消訂單，是市場不好還是方向改變，或是我們有哪些地方做的不好，還是有其他原因？」

這時雙方就能以較積極的態度進行建設性的對話，你可能會發現原來訂單取消是因為對方的市場策略改變了，需要不一樣的產品。進而發現其實你的材料和人力都可以協助他們進行產品轉型。對方當然會很高興，如果你能繼續服務他們的新方向，這樣他們內心的歉意也可以解除；你主動考慮他們的需求，他們也很感激你。他們更接近市場，他們選擇的新方向可能銷售更好，所以原來慣性以為的「危機」，因為你用更高的正能量層級來應對，獲得客戶對你更高的信任與感激，反而轉化為更好的機會。所以提升了意識能量層級，解決問題的層次不同，危機就可以轉化為契機了！

熟悉這個能量層級表並隨時運用，可以很容易幫助你自己和他人調頻！訣竅就在於「勇氣二〇〇」，先到那裡，就能撐桿跳到高能量層級了！所以，我們會在表中看到「勇氣二〇〇」是一個雙向的箭頭，是一個可轉化的意識能量。就像汽車手排擋的「空檔」一樣，允許你轉化為向前或向後。運用「空性」，讓你能到「空檔」，給了你意識自由轉化的「空間」，這裡都用「空」字，是否是一個很有趣的巧合？留給你體悟看看。

4 駭進潛意識，阻止讓負面情緒種子發芽

在我未開始禪修之前，是一個經常發脾氣的人。經常因為自己發脾氣、罵人，把關係和事情搞得很糟糕。我也曾經多次立下誓言不再發怒傷人，可是沒辦法，就是控制不了自己的脾氣。禪修之後就發生了巨大的改變，所以我對發怒的過程非常清楚。

從生氣時罵人，把人家罵哭了，還會說你活該！後來有點覺察，也還是會罵出口，但罵完之後，看到別人的反應就會警覺到自己不對了；可是已經罵出去了，這時心中就會出現新的問題——面子！我是一家之主，我是個大男人，或我是公司的總經理，怎麼可以承認錯誤！然後，繼續維持原來氣憤的狀態，為了保持可憐的面子——尊嚴。

學會觀照之後，發現這整個生氣的過程，其實是漫長有序的，一切在一到兩秒鐘的時間內發生。一開始你會看到一個場景的某些外來刺激，觸發你潛意識裡一個引發生氣憤怒的種子，可能是成長過程中被植入的；譬如小時候也許曾經被憤怒的父親毒打，或是被人欺負，當下類似的情境刺激讓這顆種子發芽了，就像是一個憤怒的按鈕被按到了。

當這顆種子發芽之際，會在你的心中啟動一股能量，這股能量逐漸增大，大到一個程度之後才會啟動你身體的語言（罵人）或行為（打人）。所以其實在當下這個看似很短的六十分之一秒的時間，有一個能量增強的過程，只要自己的觀照力夠快，就能看到整個過程，當你能觀察到就可以隨時喊停。我就從最先罵完對方，對方哭了，還無法覺察自己；到後來罵完兩句話就停了；再到後來罵出來之前就知道自己情緒升起來了。

有一次在面對家人的情景，一開始就覺察到怒氣升上來了，但還是無法控制想要把情緒宣洩出來的動力，又決定不要讓情緒控制了自己，破壞了關係，就向對方說一聲「對不起」，然後轉頭離開現場兩分鐘，深呼吸幾下，讓心平靜下來後再回到現場，以平靜的狀態重新面對。後來就在種子發芽，開始生成情緒能量，但還未付諸行為之前已經看到了；在外人看來可能你只是楞了一下，對方不知道你內在發生了什麼，你就可以控制住了。最後你可以看到種子被點燃，但還未爆發你就可以澆熄它。沒有爆發的能量就無法啟動你的身體，也自然不會有憤怒的語言和行為了。

這一切就像《駭客任務》（*Matrix*）電影裡的慢動作片段一樣，電光石火，在短短的一至兩秒發生了一連串的過程。只要你的觀照力足夠快和強，你就能看到。當然這段說明並不是說你不能生氣，一定要把情緒硬壓下來，而是在說明調頻的內在細流程。只要你能觀照到的，你就能選擇要繼續生氣，還是要調頻了！

我們瞭解這個過程，基本上是一個種子—爆發—能量—行為的模式，因此我們要調頻就要從根源入手，從潛意識裡的那個種子入手。

首先，看看負面情緒種子的形成可能有很多原因，大多來自兒時的傷害、不愉快的經歷或是教育灌輸給我們的標準等。但不管是什麼原因造成，到最後都會呈現一個基本模式，就是你內心裡有個預期，當現實達不到預期時，會產生一個落差，因為這個落差，你就會不滿，憤怒、失望或悲傷，產生了負面的情緒。

因此，其實我們不一定要花太多心思和精力去追究那個種子是哪裡來的？有多久了？為什麼？因為它就是來自你過去「業力」的一部分，在當下四力中，你可以運用念力與願力，直接面對這個模式，運用調頻的方法，中斷那個「種子—爆發—能量升起—行為」的鏈條，迅速有效地改變模式，不再讓負面情緒控制我們。並且藉這種調頻的方法，調整周圍的人、家人、團隊和合作夥伴，讓大家一起共用高能量的狀態。

5 面對問題，尋求最佳解答的四步驟——PASS

運用能量的原理與方法解決問題，是一種以兩撥千，四兩撥千斤的方法，可以既有效又省力，不用一個個問題去解決，直接經由能量狀態的提升，很多問題就消弭於無形。

量子領導力的修練體系中，調頻的核心方法是運用PASS的通關模式。PASS是什麼呢？很多領導的慣性模式是，當有問題出來就直接去解決；然後第二個問題來了再去解決。久而久之，所有的問題都跑到你這裡來，自己變成了公司的瓶頸。

PASS是當問題來的時候，先不要急著直接去反應尋求解答，第一步是先界定問題（Problem），運用前面所說的觀照力和空性力，你能夠看到所謂的問題其實是一件事實發生了，但這個事實與你原先的預期或目標不一致，產生了落差，而你只是應用原有的模式和視角在看這個事實，因此你認定它是個問題。譬如客戶來取消訂單，這是個事實，因為你希望或是需要有這筆訂單的收入，因此你看到這個事實時，就會認為這是個「問題」。然而如果你的空性力升起時，你可能會看到這個事實其實有很多不同的視角、意義和價值。

第二步則是接納（Accept），不管現在是什麼原因讓你產生情緒，都是因為它和你的預期不一樣。如果客戶因為產品出了問題要退貨，這個時候你可能會很失望、很沮喪、很生氣，想要找出到底是誰造成這個問題。但要先接納，接納就是回到當下，接受這一切已經發生的事實，也接受你最真實的狀態。

為何要接受呢？因為事情已經發生，當下的現象已經是前面的因造成的果，不接受這個果已經太晚了，接受了這個果，你就有機會重新種一個新的因。但如果只是因為事實發生了，你必須接受，這時你的接受也可能讓你感受到很委屈或不平，你可能還是有負面情緒。所以，另一個重要原因是這個「果」其實也是空性的，對於它的看法來自於你，所以你要一〇〇%接受對它的投射來自於我，你的看法來自於你的投射的這個實相。所以這時的接受就是全面的，對事、對別人、對自己都是接受的。這種全然的接受我們稱為接納，因為這時我們內心已經平靜了，可以不再受負面情緒的干擾了。

第三步是調整狀態（State），調整自己的能量頻率狀態。首先檢查自己的狀態，你是否在處理這個問題的最佳狀態？面對這個問題，檢視你的憤怒是否還存在？你的失望、欲望或恐懼的狀態是否還存在？不去處理不代表不回應。你可以說：好，等一下我想想，在生活與管理的場景中，很多事情都不需要當下馬上處理的。慢下來你就可以有空間調頻了。根據前文說的運用能量層級表幫自己向上調頻。因為你知道不同的能量層級，對事務的看法會不同，所以先調到你覺得最合適的能量層級，再進入下一步。

第四步才是尋求解答（Solution）。就是在你最佳狀態時，重新去面對這個問題，這時你會發現問題不再是那麼大，你對待問題的看法不同了，你有了空性帶給你的無限可能，也有高頻率帶給你的能量狀態，你的方案會是更好的方案。

所以對領導人在面對問題，尋求最佳解答的四個步驟是PASS：界定問題—接納—調整狀態—尋求解答。

這個過程我們稱為「狀態領導」，對自己和對別人的狀態保有覺察，先調整自己的狀態再去處理外界的問題。同樣的問題，當你在不同的能量層級會有不同的看法和解答。當你的能量層級高於問題本身或是對手的層級時，你就會感覺其實這也不是什麼大問題；如果能量層級太低，就會覺得無力面對這個問題，因此把自己的能量狀態調高才是當下的當務之急。

另一方面，作為領導我們務必對工作品質與內容有所預期，心中有個標準，這是必然的。而且往往這個標準比一般員工或一般人要高的，這也正是你做領導的原因。所以這個接受是否代表你放棄了你的高標準，而接受當下這個低標準的成果呢？當然不是，否則你作為領導就是失職了。那麼這個接受如何幫助你達成心中的高標準成果呢？

首先，把前文說的啟動你失望的模式剝開來，你就會發現其中有三個元素，第一是你的高標準「預期」，第二是當下的「現實」，事情已經發生了，第三則是第一預期和第二現實之間的「落差」。請問這三者那個是真實發生的？哪個是虛擬人為創造的？第二「現實」是真實發生的，第一「預期」是你人為創造的。那又是哪個激發了你的負面情緒，失望或憤怒呢？是第三「落差」。因此，你要調整的就是那個「落差」的問題。

想一想，如果你的實力是一〇〇%，但你被要求達到三〇〇%的標準，你的反應會如何？很可能你會覺得壓力如山大，或是你會放棄，應付一下就好。反之，如果你被期望達到一二〇%，那麼你會努力去達成，因為你相信你可以做到。要是每一次你都達到一二〇%，那麼幾次之後，你的實力就是現在的二〇〇%，翻一翻呢？只要四次！只要四次經驗你就能夠讓你的實力翻一倍！

因此使用PASS通關模式，不是要放棄你的高標準，而是真正在現實的基礎上創造高幸福感，因為每個人都很容易受到一二〇%的鼓舞；而且高效能，因為只要四次的經驗，每個人的實力都可以翻一倍！你只是需要給自己也給團隊一點耐心。所以在PASS通關模式中，因為你接受了當下的現實，在這個基礎上要求提升，你讓自己的標準很有彈性地引導著，每個現實朝著一二〇%的標準去提升。因為你調頻後以較高能量層級的狀態去尋求解答，那個解答也會是較好的。

多用PASS模式，你就會給自己時間好好地調頻自己的狀態。可能一開始，你的下屬會說老闆我問你問題，怎麼不馬上給答案？你可以告訴他們：我現在不給你答案，是為了給你更好的答案。這樣的老闆也不容易變來變去。有很多老闆經常變來變去，以致員工不知道要往哪裡走，很多老闆不瞭解這樣的方式，一遇到問題就立即處理，反而越處理事情越多。反之，能量狀態好的時候，你可以引導激發團隊有更好的狀態去處理問題，你的問題就會越來越少，而不是越來越多。這個PASS通關模式對領導人來講特別重要。

6 如何修練自己的調頻力？

現在我們瞭解調頻的重要性，知道如何調頻，也有了有力的工具——能量層級表，來幫助我們調頻，最後還學會一個簡單而有效的調頻利器——PASS通關模式。到目前為止，都是讓你在理性的頭腦中理解道理和方法，但當你回到生活中、工作場合時，很可能就會被打回原形。正如你之前讀過很多書，學過很多知識，可是回到生活場景中，卻是「我還是原來的我」。因此我們接下來要學習的是，如何讓調頻成為我們隨時隨地的習慣，也就是具備調頻力。

調頻力的第一步是覺察自我當下的狀態，轉化當下的狀態，我們稱為「自我調頻」，然後再去轉化周圍人的狀態，我們稱為「自他調頻」。現在我們先談如何轉化自己，再談如何轉化別人。

在當下四力中，制約我們最大的是業力，過去積累的能量記錄和效應，而調頻力可以藉助其他三力建立起來。首先是建立在念力上。調頻力的第一個前提還是要具備覺察自己能量狀態的能力，要是沒有辦法覺察自己當下的狀態，是無從調起的。所以我們一再強調觀照力是後面領袖力的基礎。

在觀照的基礎上，調頻有三類方法，一是靜態調頻，另一個是動態調頻，第三種是輔助調頻。靜態調頻有下列幾種：

呼吸放鬆

當你放鬆時，身心能量就較為流暢。所以中國的太極拳強調鬆，西方的運動強調力。當你無法放鬆，就是能量狀態開始要往下掉的時候。發現不夠放鬆時，最簡單的做法就是深呼吸！尤其是腹式呼吸，用腹部的力量來推動呼吸器官的運動。吸氣時腹部鼓起，呼氣時腹部縮入。連續用腹式呼吸三至五次，通常你就能放鬆。因為腹式呼吸會讓啟動你的副交感神經，讓你的身體進入較為放鬆的狀態。

空性接納

理性上，你瞭解在每個當下所看到的現實都是一種「果」的呈現，再不滿意也無法改變。最佳改變的方法即是以空性的三個一〇〇％，認識到積極有效的做法是創造未來。「當下即是種因時！」開始種下一個新的因來創造新的未來。因此，全然的接受當下所有的發生是最好的策略。全然接受了，也就放鬆了！

感恩

感恩是很神奇的意識能量。當你對於當下發生的事情不只是全然接受，而且進而感恩時，就會產生一種神奇的效果。第一是情況不會再更壞了。即使員工犯錯，公司都損失了，如果你能接受並感恩，至少你還有條件可以改善這個情況，那麼你就能在現實的基礎上再創造較好的結果。第二就是好的部分會再來。再壞的情況都會有部分是好的，如果你能帶著感恩的心，那麼那個好的部分就會延續，甚至吸引更多好的因素來到未來的場景。

因此，如果你想要加速調頻，就多感恩，真心的感恩。要做到即使在很不滿意的情況下還能感恩，真是不容易，需要一點「創意」。需要有創意地看到為什麼我應該要感恩這個令我不開心、不滿意的情況；因為一切的發生都是為了讓你更好、更強、更有智慧，所以你可以感恩！

清理

當你對自己的身心隨時保持著覺察，就會發現身心經常收納很多能量的「垃圾」，工作壓力、習慣性的埋怨、批評，周圍人的負能量、不愉快的對話等。因此你需要自我清理，清理身心中的負能量。我所瞭解及親身應用最簡單有效的方法，就是《零極限》書中所介紹的荷歐波諾波諾大我意識法中的四句金言「對不起，請原諒，謝謝你，我愛你」。

從意識能量的視角來理解：

「對不起」：我看到了不完美的現實，我為它負一〇〇%的責任，其中一定有我不完美的地方，雖然我現在還不一定知道我的不完美在什麼地方，所以我道歉！

「請原諒」：請原諒我，我也會原諒我自己。所以能量就歸零、平衡了。
「謝謝你」：感恩這樣的發生，讓我可以更好。
「我愛你」：我的能量足夠多了，滿溢出來了，我可以愛更多的人。

清靜冥想

你可以很簡單地藉由專注在自己的呼吸，放空自己，觀察自己內在一切的變化的冥想，經由冥想你可以讓心平靜下來，經由觀察你可以看到很多平常看不到的內在負面能量的來源，你也就能夠全然地接受這一切來自於你的實相。

另外一種是動態調頻，其中包括有：

音樂舞動

我們的意識層級決定了我們的頻率，音樂是幫助我們調整頻率很好的資源。不同的音樂本身帶有不同的能量層級。從帶著負能量的金屬音樂、流行歌曲、古典音樂、療癒音樂到梵音聖樂，都帶著不同的能量層級。因此你可以保存著不同功能的音樂，當你需要時就借助音樂來幫助你調頻。如果你還能學會把身體放鬆和頭腦放空，讓音樂來引領你舞動，那效果就更好了！

瑜伽、太極等運動

這些運動讓你身心連接並能專注與放鬆，讓你對自己的頻率狀態較敏感，因此當你需要調頻時，能及時調整。做這種運動本身就能提高你的能量層級。

第三是輔助調頻，當自己用了所有的方法都無法適當地調頻後，就可以藉助外來的資源來幫自己調頻。

領導力教練

無論我們多麼地努力、聰慧，我們都會有所局限，因此當我們發現長期有負面能量的模式，而無法藉由自己的努力突破時，可以經由領導力教練的引導與映照，來協助自己發現自己內在的障礙，進而突破瓶頸。

調頻互助圈

這有別於一般的閨蜜好友間互相訴苦、傾聽、同仇敵愾地和你一起洩憤。這種互助圈裡的人知道能量層級的重要，他們陪伴你，幫助你放鬆，和你一起藉著音樂和舞動調頻。再引領你去看原來的事件，然後就會發現，其實問題是可以簡單解決的。

最後你自己還是要藉助願力來幫助你修練調頻力。在狀態好的時候，看著能量層級表，決定未來三十天你要保持在什麼樣的能量層級——「勇氣二〇〇、淡定二五〇、主動三一〇、寬容三五〇、明智四〇〇、愛五〇〇」選定一個；然後搭配前文提到的調頻方法，這個願景就會引領你逐步地迅速調頻。一開始不用太高，當你能一步步穩定達到你的目標層級後，再提高時你就會更有信心，也提升的更快！

二十世紀的資本主義與管理科學所培訓出來的傳統企業家，大部分是從欲望和驕傲的層級出發的。根據大衛．霍金斯博士的研究，人類數百年以來集體意識能量等級都停留在危險的一九〇（驕傲一七五至勇氣二〇〇之間）；到了一九八〇年代中期，突然躍升到「希望三一〇」。這是人類頭一次可以在現有的基礎上繼續提升集體意識能量層級，箭頭的方向開始朝上了。

在更早的商業社會的時候，人類的平均能量層級大約在一七〇左右，大概也就是在「欲望」、「驕傲」和「憤怒」的層級。每天強調的都是「競爭」、「併購」、「把對手擊敗」等。因此員工也從這個層級出發，工作環境充滿著壓力、焦慮，形成欲望的能量場。

所以當你是量子領袖，讓自己的能量層級穩定在「主動三一〇」以上後，你周圍的員工也會隨著提升自己的頻率。這樣你的事業不僅僅是提升了一個台階，你的生命品質也是不一樣的，生命可以活得更精采。所以我們把自我調頻的能力建立起來，自他調頻的能力也就水到渠成了！

讀後觀想

1. 每天至少三次檢測自己在三個不同場景（自處、與家人、工作中）的意識能量層級，當覺察到自己的能量狀態時，立即參考你新定的自我目標能量層級作為願力的來源，然後用PASS工具來找到更好的解答。
2. 為自己編排音樂清單（如靜心、療癒、勵志、大氣磅礡等）並開始蒐集自己喜歡的音樂，幫助自己隨時可以藉用音樂來調節能量狀態。

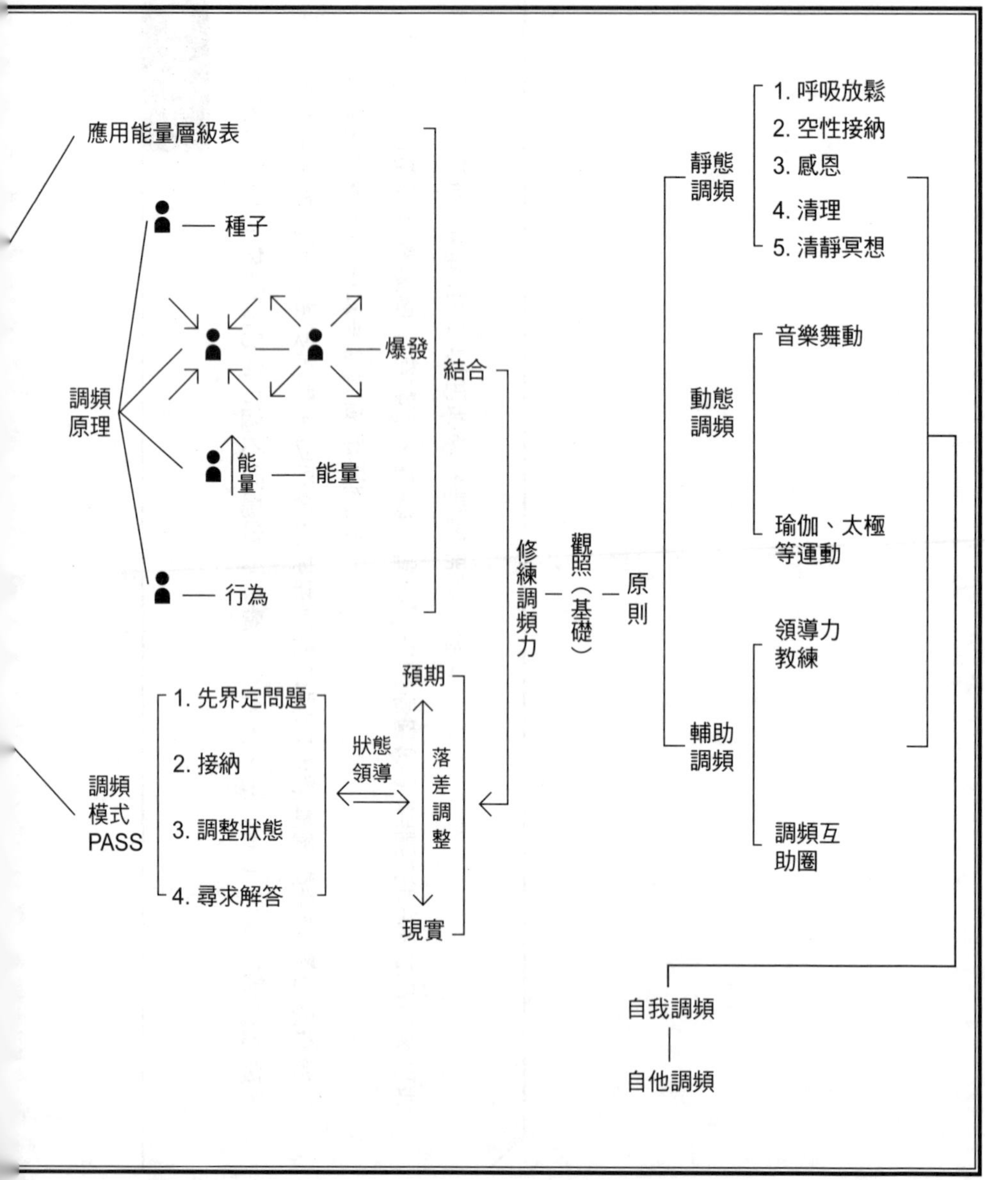
應用能量層級表
種子
爆發
能
量
能量
行為
調頻
原理
結合
1. 先界定問題
2. 接納
3. 調整狀態
4. 尋求解答
調頻
模式
PASS
狀態
領導
預期
落
差
調
整
現實
修
練
調
頻
力
觀照（基礎）
原
則
靜態
調頻
1. 呼吸放鬆
2. 空性接納
3. 感恩
4. 清理
5. 清靜冥想
動態
調頻
音樂舞動
瑜伽、太極
等運動
輔助
調頻
領導力
教練
調頻互
助圈
自我調頻
自他調頻

導讀思維構圖

調頻力

為什麼要調頻（員工犯錯案例）→

- 羞愧 —— 太無能，好丟臉。
- 內疚 —— 我沒能力，對不起大家。
- 冷漠 —— 誰犯錯誰受罰與我無關。
- 悲傷 —— 我怎麼老遇到這種事，無能為力。
- 恐懼 —— 再這樣下去公司就垮了。
- 欲望 —— 為什麼還不處理，對你們失望透了。
- 憤怒 —— 必須好好揍他！
- 驕傲 —— 這樣的事都能錯，廢物。

—— 由外而內取向心靈產生低頻負能量，不安定

- 勇氣 —— 我們肯定有管理疏忽的地方。

—— 100% 接受並承擔責任

- 淡定 —— 這一定有資訊啟示，我們可以如何改善。
- 主動 —— 好好總結，改進管理。
- 寬容 —— 誰能無過，吸取教訓，改進。
- 明智，理性 —— 完善的機會，要治本。
- 愛 —— 只要員工不是惡意，要就要幫他改正。
- 喜悅 —— 大家都這麼用心，一切會更好的。
- 平和 —— 一切自有其因緣
- 開悟 —— 妙不可言

—— 由內而外取向心靈產生高頻正能量，吸引人跟隨。

怎麼調頻

第9章

決定領導心智與格局的包容力

凡所有相，皆是虛妄；若見諸相非相，即見如來。

——《金剛經》

企業在招聘基層員工時很重視其素質與學習能力，並確保其能勤奮工作呈現出好的績效。當企業要選拔管理層，考慮進入高層的人選時，此候選人的心智格局就成為重要的因素，因為那將決定領導人是否帶領組織去到更大更強的規模。我在選擇輔導創業的創始人時也經常要看他們的格局。然而格局包含了眼界與思想外，還包含了心量空間的大小，這就是領袖五力中包容力，你願意幫助多少人如願的規模。

1 十一國聯合團隊，同心戰勝強敵

一九九一年，我隻身來到邁阿密開創了宏碁 Acer 拉丁美洲的市場，拉丁美洲是個擁有三億人口的市場，占當時全球ＰＣ市場的四％；台灣是個兩千兩百萬人口的市場，只占全球市場的一％；所以當 Acer 帶著要成為全球ＰＣ十大品牌的夢想走入國際市場時，還只是一個很小的公司。這違反了那個時代國際管理界普遍相信的規律：要進入全球十大的品牌，一定要有巨大的本土市場。在那個時代，中國市場尚未崛起，全球排行榜中只會看到美國、歐洲和日本的品牌，而 Acer 正是要挑戰這個規律。我們在國際化發展初期直接進入全球最大的兩個市場——美國和歐洲，結果並不理想，市場一直打不開，虧損連連；因此在台灣受到很多公司內部與外部觀察家、分析師與媒體的質疑：我們真的能打破這個規律嗎？來自台灣的公司，真的有機會進入大國玩家的舞台嗎？

我們一群帶著夢幻理想與初生之犢勇氣的團隊，就領著這個使命分別派往不同的區域市場去開發。我的任務是攻克拉丁美洲。當我到了邁阿密，這個全世界最大的毒梟集散地，就發現這是一個多種族、多元文化的城市，六〇%的人口來自拉丁美洲，有些店甚至於直接掛一個牌子「我們只說西班牙語」，真正傳統的美國白人在這裡反而是「少數民族」了。開始招兵買馬時，就意識到這必然面臨的挑戰，我不會講西班牙語，我要面臨的拉丁美洲市場有十五個國家、公司的運作必須遵循美國的法律、來自台灣的公司不容易招募人才等問題。

當我們團隊擁有十二名員工時，屈指一算竟來自十一個國家，歐、亞、美三大洲，只有我自己是來自台灣。我必須很快地讓這個小聯合國團隊擰成一股繩，形成一個同心協力，並帶著使命感的團隊。「讓台灣發光、讓世界看到台灣」只是來自台灣的人的心聲，對於我們的員工，一點都沒有感覺。

習慣節儉的我們，在新辦公室裝潢時，我花了一筆很心疼的錢；我讓每個人走進門時看到鑲在牆上的世界地圖，地圖上寫著「Acer-A Global Citizen」（宏碁——一個世界公民）。我必須讓所有人忘記這是個台灣公司，並且深信這是個「世界性的公司」！

我要求在公司內只要有兩個人以上的場合，英語是唯一的官方語言。對每個人而言，英語都不是母語，所以大家經常為了表達一個不熟悉的字，要說很多話才能瞭解彼此。開會時，經常會有來自拉美的同事用他們熟悉的西班牙語對話，被我強制要求，一定要改用英語！台灣工廠來的同事，往往英語會話的水準不佳，很喜歡在會議中跟我直接講中文也會被我制止！我寧可犧牲溝通的效率和時間，但非常嚴格地要求，一定要有統一的語言和規矩。

為了讓大家信服，我們真的是「世界性的公司」，和很多來自台灣或中國的公司不同，我盡量不聘請華人員工，雖然他們既勤奮、好溝通又性價比特別高。但是經由在IBM任職的經驗，我知道一旦Acer Latin America宏碁拉丁美洲變成「華人公司」，就很難讓這群拉丁美洲的員工，死心塌地為這個品牌打拚了！

很幸運地，用這個「世界公民」的公司定位，我們快速地吸引很多來自拉丁美洲的移民菁英。他們原本在出生的國家有很好的職位，但很嚮往美國自由繁榮的生活，紛紛移民到邁阿密。

他們在美國公司的發展會碰到少數民族常有的「玻璃天花板」（在美國企業中的少數民族流行的說法，就是你可以看到企業頂層，但在你頭上有個透明的天花板罩著，你永遠上不去）瓶頸；在說母語的拉丁美洲公司又會感到格局不夠，發展有限。而來自台灣的公司，既不會有種族優越感，很親和又有世界性的格局，他們深信只要跟著我們好好打拚，未來是無可限量的！

在這樣的共識下，我們這支小聯合國團隊，很快地形成團隊一心，幸運地攻克市場，戰勝強敵；到了一九九四年，Acer在拉丁美洲的市占率比IBM加上HP（當年的

Compaq）的總和還高。這一戰，對於 Acer 未來全球化戰略具有指導性意義，並有搶頭功的效果。我們證明雖然來自小市場，但只要有實力就能進入億萬級別的市場，成為第一品牌！

後來，當施振榮先生成為《時代》（*Time*）雜誌的封面人物時，記者對於 Acer 的描述就是「全球領導品牌中，唯一並非來自美國、歐洲或日本的高科技公司！」施先生也很巧妙地用圍棋中「金角銀邊銅肚皮」的理論來說明，我們如何先在所有開發中國家市場成為第一，然後再大舉進軍美國和歐洲市場！

Acer 在二〇〇一年成為全球筆記型電腦的第一品牌，距離 Acer 品牌在一九八八年創立共花了十三年。最後的成果大於原先那個不被相信的「成為全球 PC 十大品牌」的願景。

這段經歷讓我對於作為領導人的包容力有很深刻的感受。

2 包容力，是你心智空間的容量

包容力代表的是，你心智空間裡可以容納的容量。依次地可以從最基礎的連接、接受、關心、祝福到真心為對方著想，也就是愛對方，都可以說是包容。所以包容力就是衡量你的心智空間可以包容多少人、多少事、多高標準的領導人的能力指標。

我們每個人都有一個心智溫室，就像有機農田裡種蔬菜的溫室；我們的心智空間初看起來漫無邊界，實際上是有一個看不見的溫室，它的大小決定了我們可以容納的人事物。當一切人事物都落在我們的溫室裡時，我們會覺得沒有問題，一切可以很平和、很舒服、很自然。什麼時候我們會感覺到我們溫室的邊界呢？當我們產生負面情緒時，我們會冷漠、排拒、抵抗，甚至非要除去對方不可，否則無法平息，這時我們就知道已經碰到心智空間的溫室邊界了。

包容力是否也就是領導人的格局呢？其實是一體的兩面。格局是從觀察者對一個領導人心智空間或包容力大小的形容，對於領導人當事者的觀點，他要關注的就是包容力；我的心智溫室有多大的空間，可以容下多少的人事物。包容力大了，外面的人自然會形容你有「大格局」。所以作為領導力修練，我們的關注點不是「格局」，而是在「包容力」。

在量子領導力的體系中我們對包容力的定義是：你願意幫助多少人如願的範疇。所以這個定義是從「願意」開始的，只要你願意，不管是否能為對方做什麼事，就已經是你包容了對方了。「如願」有一個比較廣的範圍，所以不管你能夠包容的層次有多高，至少都在你包容的空間裡。包容力可以從覆蓋的規模、支持者的動機高度與領導人的包容深度三個不同維度來理解。

當我在拉丁美洲時，旅行到南美各國，發現他們普遍的現象是自然資源很豐富，但經濟的發展很慢，甚至是倒退的。這與台灣地小人稠、資源缺乏，但人們精進勤奮，是當時的亞洲四小龍，形成強烈的對比。因此當我在謀劃事業策略時，就決心要提供給他們性價比最高的最新科技產品，讓他們可以盡快地進入新的PC時代，提高社會生產力。

當年，拉丁美洲的PC市場都是美國大品牌的「傾貨區」，充斥著前一年美國市場賣剩的庫存。但PC科技每年翻新，他們可以不用只是買過時的產品。因此我們就督促總公司開發一些針對拉丁美洲合適價位的新科技產品，就這樣，我們提供了比美商大品牌整整提前一至兩年的最新科技，價格只有IBM的六折，又是以幫美商公司代工的技術和品質來生產，這就說明瞭戰略上為何我們在極短的時間搶占了領先的市場地位。

因為在我的心中所包容的、我關心的不只是我的公司、我的合作夥伴、更是廣大的拉丁美洲人們的未來。我關心他們，為他們設計好的產品，為他們提供適合的價格，提供好的服務。所以，在成功的果實後面，根源的因是領導人的包容力有多大！

3 想讓跟隨你的人達到哪一個層次的動機？

從支持者或跟隨者的視角來看領導人，他們之所以樂意跟隨著領導人的動機層次，也會決定他們願意投入多少的心力，去完成領導人所提出的任務與使命。所以對於領導人而言，支持者的動機層次是極需關注的課題。從我們的研究發現，一般支持者的動機可以分為四個層次：

第一層是恐懼；
第二層是欲望；
第三層是信念；
第四層則是自我實現。

與馬斯洛的五個需求層次相互對照，如果領導人是運用生存，安全層次的方法來吸引並且約束對方，譬如基礎工資、人們會基於生存的需求與害怕被剝奪的原因繼續跟隨，這時的動機層次就是停留在恐懼的層次。如果以安全與社會層次的方法來激勵對方，譬如豐厚的獎金與傲人的身分地位，那麼人們的動機層次就會是欲望，因為他們會希望被認可、被羨慕。

但不管是恐懼或欲望，基本上他們動機的來源都還是來自於外在事物的激勵、外在的物質與外人的羨慕眼光。所以當他們順利獲得這些外在事物時，就會很開心，繼續跟著你；反之，當他們遇到情境不順利時，外在條件不再能提供所需時，也就會離你而去。

然而，領導人要是能激發支持者與跟隨者更高的動機層次到信念，那麼他們真正的動機就不再只是外在的物質報酬，而是認同的意義與價值。當然這不代表沒有金錢的報酬，而是金錢的報酬只是防衛性的因素，不是主要的激勵因素。尤其是新世代的人才，有了無窮的資訊、豐富的選擇和高標準的平等意識，只有讓他們認為這些任務有價值、有共鳴時才會樂意去做。這時才能激發他們的潛能，不只是工作上的需求，而是樂於做出更多的貢獻，獲得內心的價值感、成就感。

最後到達最高的自我實現層次的時候，對於追隨者而言，完成任務的意義跟價值不再只是對這個世界的貢獻與組織的肯定，而是生命品質與境界的提升，甚至是個人的使命與自我實現。這時完成一項任務，就像是他個人的使命，而且在從事任務的過程中是全心投入，似乎這是他個人生命的終極關注，而不是外界的期望。是一種「借事煉心」的態度、是一種修行的狀態，是一種每個當下都竭盡所能、全力以赴，無怨無悔的忘我境界。在很多宗教靈修的組織裡，和具有高理想使命的公益修行組織中，就能看到很多這樣狀態的人。

支持者的四個不同動機層次，也決定了組織完成任務的品質與成果。當我們談到包容力的時候，一方面除了包容多少人，另一方面就是願意幫助他，達到什麼樣的動機層次，去和我們一起完成一件任務。

因為領導就是要影響一群人去完成使命或任務，所以當你要帶領一群人時，如果你關注他們的動機是在較高層次，就不會只是想藉用金錢、物質來驅動他們；而是真正同理他們所關心的是什麼？以及如何幫助他們看清楚、發展出他們的信念，以及自我實現的方向。當你的團隊能夠被引導發展到這種高層次的動機時，所發揮出來的動力，同頻共振的力量是極其巨大的。

我在邁阿密領導這群拉丁美洲成長的團隊時，就是這樣地分享我的夢想、我的信念，引領他們看到他們身為美國的新移民，如何能和我們一起開創可以大家共用的事業。後來，我們成長得很快，就從 Acer 總部分割出來，獨立到墨西哥上市，很多當時一起開疆闢土的員工都因此獲得很好的財富與成就。他們都以能參與建設一個拉丁美洲人的世界級公司為榮！

4 感同身受的同理心，是包容力的核心來源

現在談談包容力的核心來源。在生命意識能量層級表中有條件的愛是五〇〇，無條件的愛則是五四〇，也就是「喜悅」的層級。這幾乎已經是我們人類在三維空間的互動範疇裡最高的頻率了。愛是一種因利他而感到喜悅的情感能量。一天中，即使有數十件讓我們很憤怒和難過的事件引起負能量，只要有片刻能感受到愛與被愛的感覺，就能抵消掉所有負能量。

當我們有愛的時候，最容易感到幸福；我們被愛或愛別人的時候就是感到幸福時。既然愛是如此地具有威力，又帶給我們這麼美好的感受，一個領袖要引領一群人到更美好的境界中，這不就是最大的能量和力量嗎？

雖然我們知道愛的能量是這麼具有威力而美好，愛的感覺是如此令人陶醉，愛也是我們感到幸福的最主要來源；那麼為何我們卻不願意或不能，隨時隨地去愛我們周圍的人呢？甚至無條件的愛所有的人呢？因為我們有很多錯誤的見解及累積的業力阻礙著我們。只要我們理解，並建立了前文所談的觀照力、空性力與調頻力，就能對身心的狀態有所覺察，調整並

維持在較高頻率的正能量狀態，就能大大提高我們愛的能力和包容的空間了！

我們無法愛的根源是來自於我們的匱乏感、不足感；擔心維持生存的資源不夠。因為如果資源與能量是固定有限的，我們就擔心當我「付出愛」的時候，能量就會減少；而這一減少，那我後面的生存就會面臨問題。這個最深切、最底層的陰影就是來自於對死亡的恐懼，也就是害怕我們無法生存。

然而，這對於愛的能量來源有限的是一種誤解，它來自於我們在三維物質空間中的生活體驗。而實際上，當我們學會愛的時候，我們是越愛越能夠提升能量的。在物質的世界裡是有局限的，因此我們會有不足的恐懼感。比如說，我一個月的收入就一萬塊，那我把大部分的錢給了別人、給我所愛的人，自己的錢是不是就不夠用了？因為資源有限，所以我們不能無限的給予，無限的揮霍。所以在物質世界裡的匱乏經驗，制約了我們愛的能力！

當我們深入觀照後就會發現，愛的能量不是這樣的，愛的能量運作是相反的。當你越愛自己、越愛別人、越愛這個世界，你獲得的能量會越來越多。它不是有限的，更不是一次性地用後即無的物質。愛的能量是越用越多，越開採越豐富的，越給與越循環越強大的。

為了說明愛的能量，我們先拿人類互動中最普遍的「愛情」來說明，就能很快地明白我們對愛的誤解有多深。在男女之間的愛情感人故事中，流行歌曲裡經常提到，「我愛你，你卻不愛我，你傷害了我」，所以「請你把我的愛還我」；這個說法，真是對愛的誤解，「愛」是一種因利他而感到喜悅的情感能量。愛是不會讓人痛苦的，是「欲望」會讓人痛苦。男女之間一開始的情感，就是欲望，是一種利己的情感。我想要、我需要、要你陪我，我喜歡你也要你喜歡我，都是一種利己的情感，是「欲望」。

我們在組織裡面也是一樣，身為領導，我要你聽話、我要你幫我做事、我要你達成任務、我要你創造業績等，這都是一種欲望的情感，它不是愛。愛，是一種利他的情感。當你是在一種利他的情感狀態時，你有越多的愛，不管是有條件的愛，還是無條件的愛，都是在能量層級五〇〇以上。在這種層級，你的能量是會一直往上提升的。

所以回到男女之間，所謂「愛情」的關係，其實是三條情感繩索合股而成的，一個是欲，一個是情，最後一個是愛。大致發生的次序是「欲—情—愛」。譬如你看到一個心儀的對象，很喜歡他，很希望他陪你，因為你看到他就很開心，他如果陪你就很快樂，這是屬於「欲望」層次。兩人開始交往之後，就會日久生情；這份情意，來自於熟悉和信任、連結與習慣，並隨著時間的累積逐漸加深，這是情感的層次。而這與「愛」是不同的，愛是因為利他而產生的快樂的情感。

所以當我愛一個人的時候，看到他高興，我就會覺得開心；他實現了夢想，我就會替他高興；他面臨挑戰、我就會祝福他；他面臨挑戰痛苦，我就會希望幫助他。這種愛的情感不會讓人痛苦，只有欲望會讓人痛苦！「欲望」是基於對於外界的渴求，在一二五的層級。當我們的欲望滿足時，我們會感到快樂，但是很快地，我們「吃飽了」，也就不需要了。想像一下，你餓了三天，吃第一個饅頭的感覺和吃第十個饅頭的感覺是不同的，就能瞭解。

基於對於欲望跟愛的理解之後，我們就可以開始以觀照檢視，自己對對方的要求、對員工的期望、對老闆的期望、對老公或對太太的期望，到底是基於愛還是欲望？雖然欲望會讓人痛苦，也會為我們帶來快樂；所以這不表示我們不能有欲望，只是我們需要清楚帶給我們痛苦和快樂的來源到底是什麼？

當我們能夠經由觀照，覺察我們每一個時刻身心的狀態與底層動機，也就是我們的意識能量層級後，我們就會發現，實際上付出愛一點都不吃虧。當我真心愛別人的時候，我並不吃虧，因為我的狀態會處在一種高能量的狀態，而且能給予的愛越多，心靈能量就越強大。經由對這個道理的理解與體驗，我們的包容力就會不斷開展，我們懂得愛別人事實上也就是愛自己，就是讓自己能量調整到一個高頻的狀態，不管對方回應的是愛或不理不睬，甚至於冷漠，那是他的事，我只對我的狀態負責。

三個一〇〇％告訴我們的是，我的世界是我創造的，所以我只對我的狀態負責。因此，包容力的源頭就是懂得去愛別人、希望看到別人更好，並為此感到高興。而且瞭解愛別人是讓自己產生高能狀態的一個最快的途徑、最好的方式，所以我們才說「立己利人」！經由提升自己的能量層級才能利益他人，創造更美好的世界。

包容力的另外一個來源是經由觀照的過程中，發現自己痛苦的來源。我們什麼情況下會產生煩惱？什麼情況下會痛苦？什麼情況下會感覺到壓力？當我們對於自己身心的痛苦與煩惱有所覺察，並能全然同理接納；也就啟動內在愛的能力，足以對外境產生一種同理心。

看到新聞或電影中一個人在受害時，我們內心就會產生一種傷痛，就好像我們感受到他的感受一般。雖然感受的強度可能沒有現場真實的感受那麼強，但我們可以相互感通的本質是存在著的，這就是同理心，或稱為共情、共感；人和人之間的那個連接，就是在這裡。當我們看到一個人快樂的時候，我們有一種連接，那個底層的連接讓我們感受到他的快樂；我們看到他痛苦的時候，也會感受到那個痛苦；這個同理心的設定也是包容力的來源。

基於同理心，我們就自動自發地願意，去幫助他達到類似於我們快樂的狀態。當我們樂意看到別人成功，願意幫助別人快樂的時候，那就是包容力的另外一個主要的來源。

所以愛，因利他而感到喜悅的情感，以及同理心，因瞭解自己而對別人感同身受的慈悲心正是包容力的核心源頭。

5 如何修練自己的包容力？

包容力的修練來自於領袖五力中前三個原力的累積和蛻變。

第一個是觀照力的開啟。經由觀照，你會覺察自己原來不只是一個由思想驅動的個體。當我們返視內觀，將會發現內在有不同的聲音：頭腦的聲音（心智的活動）、心的聲音（情緒的感受），以及來自身體的資訊。

經由觀照，你開始會覺察到，你跟外界互動時，會有同理的現象；自己情緒有高低起伏的狀態，有時候是在一種高亢的狀態，可以有最佳的表現，也有時會跌到低谷的狀態；你會覺察自己的能量狀態，是瞬息萬變的。所以你就真正瞭解，自己其實有光明的一面，也有黑暗的一面；瞭解人性與生命原來一直處在動態而復雜的變化之中，而且這個認識不是經由讀書、讀經典、聽老師講課或寺廟裡的師父、教堂裡的牧師告訴我們的、不是由外得來的知識；而是我們生命親自累積每個當下的體驗所得到的，誰也無法和你辯駁，誰也無法質疑你。

因此這個內在真實的體驗會讓你能夠真正的同理，未來當你看到別人在這種不穩定、不清楚、迷迷糊糊的狀態時，你就能瞭解他，接受他。因為人和人之間，我們表現的形式、風格很不同，我們呈現的現象和行為很不同，可是我們生命的結構、身腦心靈的設計結構，基本上是一樣的。所以當我們觀照自己，深度的觀照自己，所累積的經驗，每個當下的畫面都留在我們的潛意識當中，累積了這些觀照的經驗畫面和自我接納愛的能量經驗後，就很容易瞭解別人所發生的狀態，進而能接受、同理、關愛他們。這是包容力的第一個重要來源。

其次是空性力。當你開發了空性力，就會瞭解一切境遇皆來自於內在心識的投射，所以當你看到一個人，是你不能接受的、討厭的或是排拒的時候，你知道那不是因為他本身就是個令人討厭的人；而是來自於你的標準、你的框架、你的經驗，或是你過去的某些觀念困住了你。所以基於對空性的認識，你瞭解到每一個人都是具有無限潛能的，一切都是來自於你的投射，所以只要你願意，就可以放寬你的心智溫室，把他包容進來；只要你願意，你是很容易做到的。

接下來就是調頻，在自我調頻與自他調頻的過程中，你會經驗到原來人是可以那麼容易展現無限潛能的。只是因為大多數的人不瞭解自己的生命機制，不瞭解這個祕密，以為現在的狀態就是唯一的可能性，或是以為他的習性就是他自己；以為所謂的命運、業力，就是生命唯一的版本。這是個很大的誤解！

在你親身經歷調頻的經驗後，自然就能看穿這樣的謬誤，進而幫助別人也看清目前的局限和未來的可能性。這就會讓你不只能夠包容對方，包容更多的人，而且能夠幫助他們，看到未來的可能性；進而影響他、引領他、去到屬於他的美好境地，而這正是領導力的本質。

所以，包容力的修練就在於前三個原力的修練和累積！領袖五力的前三個原力的累積，再加上你的願力，就能自然推展出你的包容力。所以在修練的過程中，前三個原力是主要用心和修練的要點；只要有足夠的累積、轉念之間，就可以自然地放大了你的心智溫室。

在量子領導力的修練體系中，我們不希望你只是學習知識，更希望你能下決心去改變、去調整；而是經由觀察自己生命的實相，累積了智慧，而後自然展現。這時候你展現的包容力，不是刻意的，不是因為你要領導別人而需要包容力；而是因為你親身體證、領悟了這些原理之後，你的包容力經由一個願景意念轉化，「我願意包容更多人」，就自然呈現出來的。這個由內而外的過程非常自然，也具有內外一致性的力量。

讀後觀想

1. 閉上眼睛觀想一個你的親人或心愛的人，區分你對他的「欲望」或「愛」的感情。欲望是你希望他滿足你的需求或預期，愛是你希望看到他快樂或如願的情感。看看兩種意識的能量狀態下你的感受會如何不同？
2. 每天增加一個人到你的心智溫室，是你願意幫助他如願的；一直到你再也數不清有多少人在你的溫室裡了！
3. 從小事開始：每天做一件可以讓別人如願或開心的事，從按著電梯門等一個後面奔跑來的人、問候小區鄰居早安，到幫助你同事買杯咖啡開始，讓「幫助別人如願」成為習慣！

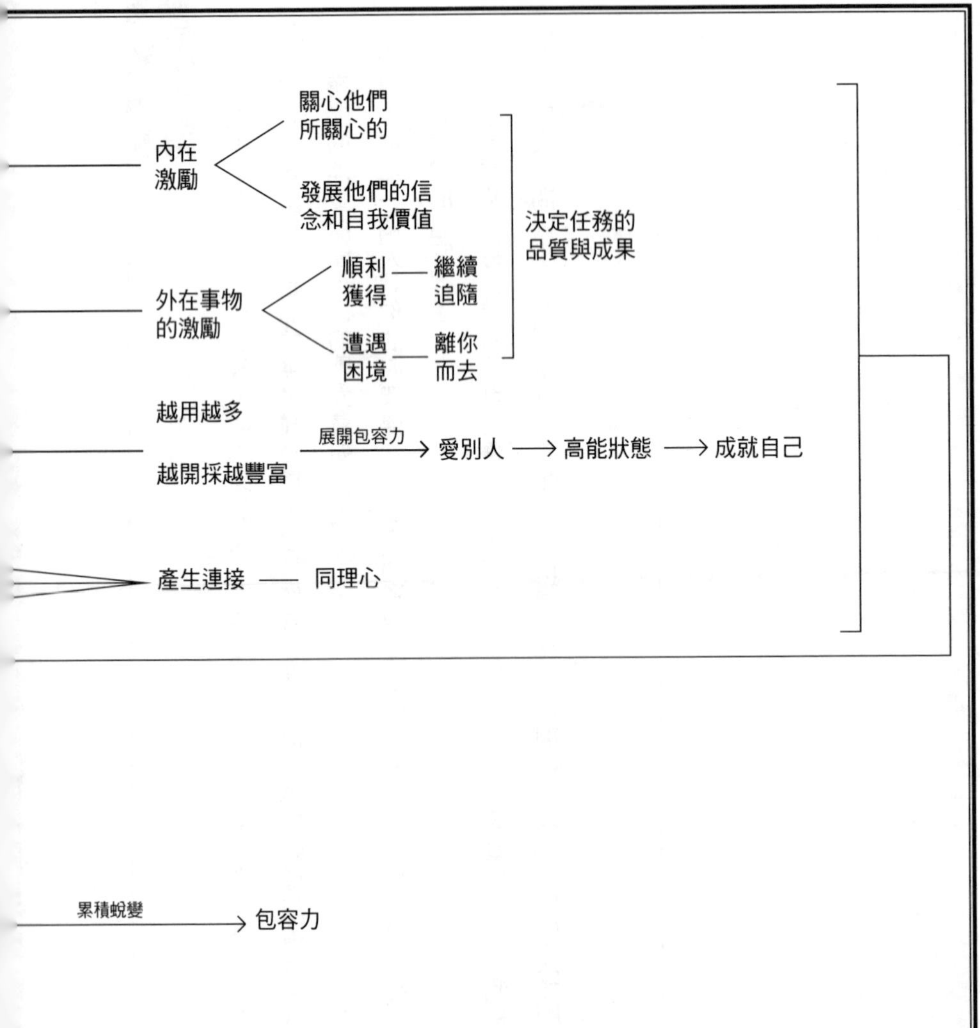
關心他們
所關心的
內在
激勵
發展他們的信
念和自我價值
決定任務的
品質與成果
順利
獲得
繼續
追隨
外在事物
的激勵
遭遇
困境
離你
而去
越用越多
展開包容力
愛別人
高能狀態
成就自己
越開採越豐富
產生連接
同理心
累積蛻變
包容力

導讀思維構圖

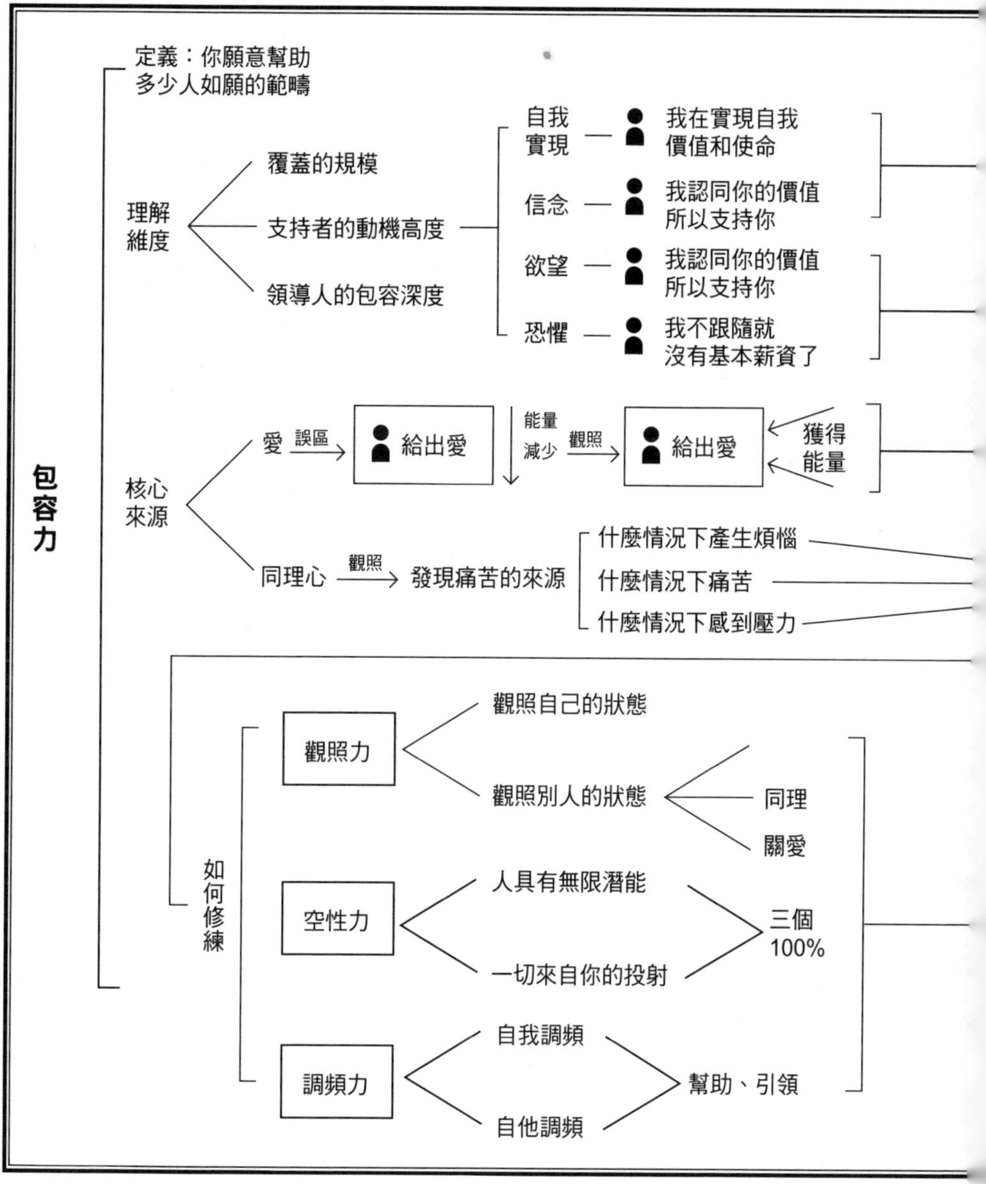
包容力
定義：你願意幫助多少人如願的範疇
理解維度
覆蓋的規模
支持者的動機高度
領導人的包容深度
自我實現
我在實現自我價值和使命
信念
我認同你的價值所以支持你
欲望
我認同你的價值所以支持你
恐懼
我不跟隨就沒有基本薪資了
核心來源
愛
誤區
給出愛
能量減少
觀照
給出愛
獲得能量
同理心
觀照
發現痛苦的來源
什麼情況下產生煩惱
什麼情況下痛苦
什麼情況下感到壓力
如何修練
觀照力
觀照自己的狀態
觀照別人的狀態
同理
關愛
空性力
人具有無限潛能
一切來自你的投射
三個100%
調頻力
自我調頻
自他調頻
幫助、引領

第 10 章

用有限資訊掌握未來趨勢的洞察力

治大國，如烹小鮮。
以道莅天下，其鬼不神。非其鬼不神，其神不傷人。
非其神不傷人，聖人亦不傷人。夫兩不相傷，故德交歸焉。

——老子，《道德經‧第六十章》

在人生中我們經常要面對很多重要的關口，在事業上我們也會面臨很多的抉擇，而每個重要的決策都可能決定了我們後面走的路與結局。有時在面前的道路有很多選擇，有時候可能看似就只有一條路，其實也還是有很多隱性的選項。而面對這些選擇時，我們如何能在有限的時間和資訊下，做出最好的選擇呢？

所謂最好的選擇就是無論結局如何，我們都不會後悔的選擇。有時候可能馬上看到成效，有時可能還有彎路要走，但因為我們內心裡知道自己要什麼，並且對於外在的趨勢做了正確的判斷，選擇的路就是可以堅持的，因此自然也就會走出一個成功的成果。這種確保我們能用有限的資訊與時間判斷未來的趨勢，並做出正確選擇的能力，我們稱為洞察力。而這也是領袖五力中最高的綜合能力！

1 在不確定的當下，走出未來正確的道路

一九八八年，我決定離開ＩＢＭ，加入宏碁。當時做出的決定，在別人看來很不合理，因為當時ＩＢＭ是全世界最大的電腦公司，我既有高薪，也有光鮮的名片，做起業務相對容易。只要拿出ＩＢＭ的名片，幾乎所有的老闆都會見我；而宏碁雖然在台灣剛剛上市，但也只是成立了十多年的年輕公司，相較於ＩＢＭ的規模差距甚大。

那一年，我的大女兒剛剛出生，如果加入宏碁，薪水相較於ＩＢＭ直接打了六折。試想，如果你是我太太，在我們剛剛迎接新生的女兒，家裡經濟需求突然增大時，我卻要離開已經穩定、蓬勃發展的公司，加入一個還處於創業期、前途未明的年輕公司，薪水還被打了六折，你會同意嗎？可能大部分的女人都不會同意吧！

可是那時候的我，內心有一個很強烈的渴望，希望未來能到海外發展，於是我對宏碁提出請求，希望公司能夠在兩年後派遣我到國際市場去開疆闢土，恰逢宏碁的創始人施振榮先生提出了一個「群龍計畫」，宣稱在未來十年需要一百個總經理！他要帶領 Acer 進軍世界

的夢想，公司自然急需國際化的人才，公司的願景與我內心那個要走遍全球的夢想一拍即合，最終，我加入了宏碁。

那時，我隱約地感覺到，整個電腦產業，似乎有一場巨大的動盪和變革即將到來。果不其然，一九九三年，在我離開IBM四年後，IBM原來統治整個IT產業的大型機業務，被蘋果公司及其他所有與IBM相容的個人電腦侵占了大量的市場份額，IT行業新秀的崛起徹底改變了產業結構，IBM面臨著極大的挑戰。

原來的產業結構是由IT公司掌握整部機器設計製造的控制權，如今轉換成為一個標準化零件的共生產業；加上台灣低成本製造的優勢，這個新趨勢發展的速度，以及個人電腦對市場滲透的深度，為IBM帶來巨大的打擊。所有的大型機（mainframe）、迷你電腦（Mini Computer，相對於大型電腦是小型迷你的），都無法阻止個人產品縮小化、標準化、批量生產、產業價值鏈被顛覆所帶來的價格與性能的絕對優勢。

IBM時任CEO約翰·艾克斯（John Akers）因為年齡的關係即將退休，新形勢的變化對IBM的掌舵者提出了巨大的挑戰。以往IBM的CEO人選都是從企業內部選拔，因為「他們正統的血液是藍色的」（藍血人是指擁有貴族血統或出身的人）。但這次IBM警覺到，公司內部所有人，不管他的才華、能力、過去的業績如何好，都無法引領IBM

繼續走向未來，因為大家對未來的發展方向宛若霧裡看花，這是有史以來最可怕的時期；八十年來公司積累所有賴以成功的方法，竟然都不再適用，也不再能指引未來！

為了因應這場劇烈產業革命，ＩＢＭ打破了公司八十年來的慣例，在董事會決議下，公司聘請了一個來自外部，不是喝ＩＢＭ奶水長大的「餅乾銷售員」路易士．葛斯納（Louis V. Gerstner）出任公司ＣＥＯ。空降的葛斯納接手ＩＢＭ之際，這家超大型企業因為組織臃腫和孤立封閉的文化已經變得步履蹣跚，虧損高達一百六十億美元，正面臨著被拆分的危險，媒體將其描述為「一隻腳已經邁進了墳墓」。

但在葛斯納掌舵的九年間，他帶領ＩＢＭ從一家全世界最大的電腦公司，轉型成為一家資訊整合服務公司；公司從此脫胎換骨、持續贏利，股價上漲了十倍，成為全球最賺錢的公司之一。

在這個轉換跑道的過程中，我事先並沒有得到充分的資訊。那時，我只是一名業務員，隱隱約約覺察到整個產業的未來將會有重大改變。而我到了宏碁，做了兩年的國際業務員就外派到邁阿密，成為創辦宏碁拉丁美洲公司的總經理，實現了從ＭＢＡ畢業之後的第一個目標！兩年前，薪水打六折的賭注；兩年後，因為成為國際分公司的總經理，薪水是數倍的飛躍；不只是薪資，更重要的還是個人的視野、格局、事業發展的空間，都是巨大的飛躍。

所以從職業生涯的發展而言，這個賭注似乎是賭對了。但這不是重點，透過這則故事我想要探討的是，如何在微渺的資訊下，做出一個你能堅持十年，並無怨無悔的重大決定。那時我只是ＩＢＭ的銷售業務員，即使到了宏碁也只是一名國際市場的業務員；所以我既不能全盤觀見公司總部的決策，更無法掌握全球的市場資訊。但我就能夠憑著直覺、內心的聲音加上對產業趨勢的分析，做出這樣破釜沉舟的重大決定。

回顧當初，為什麼我會做一個看起來有巨大風險的決定，奔赴不可知的未來？

第一是順從我內心的聲音，我內心對於進入國際市場有著巨大的渴望。雖然在ＩＢＭ後期，我已經成為公司的高級業務員，受到老闆的器重，也經常獲獎，可是我內心真實的渴望是要去追求全球化的市場發展。在那個時代，能從台灣走向世界是我夢寐以求的嚮往，而這個夢想本身，就會帶給我巨大的力量。所以後來在工作上，不管面臨多大的風險、不確定性與挑戰；因為懷抱著那個巨大的夢想，我都能一一克服，而且不以為苦。

第二是格局，當我還是業務員的時候，每天也只是在考慮如果賣了多少機器，就能夠拿到多少的傭金？這是業務員層次的思維。我平常讀的書，大多是全世界的趨勢、世界性的雜誌、世界級的管理暢銷書，所以我對西方的系統化思考和戰略思維是非常瞭解的。平常我就會讓自己透過東西方的視角和全球市場的觀點，預測一些趨勢和變化，因此當我面臨大方向的決擇時，觀照全域的高度，跟普通業務員是不一樣的。

第三是對技術趨勢的掌握。技術的趨勢，其實明顯可見。就電腦產業的發展進程而言，大型機的成本與速度勢必受到個人電腦的衝擊，所有電子科技產品都朝向「輕、薄、短、小」的趨勢發展。這些資訊都可以在大眾化媒體輕易獲取到，對所有人都是資訊對稱的。雖然如此，卻很少有人會基於這樣的趨勢判斷，敢於主動跳出舒適圈，為自己的生涯做出重大的改變。因為在一個大而健全的公司裡，還是比較安逸、舒服、穩定的，薪資待遇也比較優厚。此時，就要取決於一個人對於這個趨勢判斷的信心有多強大。

透過這則故事，接下就要探討，身為領導者，如何培養洞察力：也就是僅根據少量的資訊，就能夠為當下的情勢發展推演出正確可靠的未來方向，並能夠堅信而持守。因為任何一個方向的發展，如果你不能堅守一段足夠的時間和等待新的機會慢慢長大，並累積資源，很可能即使已經走在對的方向，最後你也會中途放棄。因此洞察力對於領導者要引領團隊走向成功的道路是非常重要的。

2 靠洞察力，帶領一群人走向更美好的未來

洞察力就是你能夠在有限的資訊下、從很多不確定的因素中觀察，洞悉事物發展的趨勢，以及可能的變化規律。這種洞察，與傳統文化中運用易經、八卦之學預見未來有些類似的效果，但運用的是不同的原理。易經八卦、五行八字似乎掌握宇宙人生一切變化的規律，運用一種通則去推演、論斷變化的軌跡。

中國的傳統智慧博大精深，有完整的理論根據和一定的準確性。但完全依賴這套方法很容易局限人的意識，阻礙未來發展的無限潛能。其實，據此推算而得的命運曲線，也只是無限可能中一個高可能性的版本。

在量子領導力中，我們談的洞察，是基於每個當下，經由觀照與空性力，可以覺照出無窮發展的可能，當你了然於心，就能選擇一條最合適自己的路徑。從更高維度的角度來看，你的未來可以有不同版本的發生，這不同版本的發生，也就是量子物理學上所說的「平行宇宙」。因為物質在意識還沒有介入時，會是一個波的呈現；既然是波，就表示它在一個空間

裡可能存在的位置具有無窮的可能性。直到意識介入之後，才成為具體固定位置的粒子。

所以量子領導力的洞察力，講的是能夠基於波粒二象性、平行宇宙的宇宙觀與生命觀，去洞察事物動態的發展趨勢與規律。

還記得我們在第五章說明思考能量世界的三層結構，最上面是可感知的現象層，下面是驅動現象的因與力的因力層，最底層是如如不動的核心層。所以洞察力就是能穿透表面現象，洞察事物的因與力：因是因果的因，力是力量的合力效應。這兩個要素還有不同的功能，因談的是因與果的形成機制，而力則是談驅動的力量相對大小和方向。洞察力就是要能穿透現象的表層，洞察驅動的因與力，因此能夠做出正確的判斷，而不會被現象層的亂象所迷惑。

好的領袖一定有很好的洞察力，才能引領團隊，帶領一群人走向更美好的未來，這是好領袖的最高表現。這種洞察不是來自學術的數據分析，也不是根據易經八卦、占卜，而是能穿透現象表層，洞察因與力；甚至連接更高維的智慧，產生直覺，獲得靈感而總結出來的。

很多偉大的創造，都是源自於這樣的能力。有人問愛因斯坦，怎麼想到相對論的？他說這不是分析思考來的，就是在聽著音樂、哼著歌時，這個靈感就從腦袋裡跑出來了的。他大約十二歲左右就發現了這種讓自己放鬆、享受音樂、偶有靈感來引導並發揮想像力的創作方式的微妙了！同樣地貝多芬的《月光奏鳴曲》，也是在一個夜晚，無意中靈感顯現，於是他趕快找個鋼琴把它記錄下來。賈伯斯也說冥想，經常是他創意靈感的來源；所以他說能讓自己放空而獲得靈感、產生直覺的創作力比知識與思考的能力更為重要。

量子領導力的創意對我來講也是如此產生的。很多人問我，為何會想到把量子物理的理論和領導力結合在一起？事實上，它並不是推理出來的。

在過去十多年禪修、冥想、觀照的累積後，我發現生活中就像有兩個平行隔離的世界，一個是修行的內心世界、追求寧靜、平和、慈悲與智慧，另一個則是在商業界遵循著管理學界的教育追求利益最大化與競爭中獲勝。這期間隱約感覺管理界所呈現的問題，似乎需要一個新的理論體係來重新詮釋，才能解答新時代以及內心的需求。看到了量子物理的發現後，突然間就有靈感，直覺這裡應該就是尋求這個解答的入口！

當我提出量子領導力的構想後，才陸續從網上、從朋友推薦中發現有來自英國的教授丹娜·左哈（Danah Zohar），還有來自新加坡和美國的一個學術團隊都在研究量子領導力（Quantum Leadership）。我們分別在地球上的不同角落，不約而同提出了量子領導力，從不同的視角去探討同樣的課題。

我確知自己的量子領導力是經由長期的觀照與冥想，直觀而得的靈感：先是靠直覺和洞察發現了一個創意，然後再一步步思考、蒐集資料、互動發展出來。並不是通過邏輯思考、分析、讀書、學習得來的，這是不同的洞察與創作的路徑。所以這套領袖五力的關係，最基礎的是觀照力，然後是空性力，接著是調頻力、包容力，最後才是洞察力。彼此環環相扣，層層加疊，最後渾然一體，融合創造。

3 如何培養洞察力？

洞察力既然如此神奇，是如何培養出來的？

根基於觀照力與空性力的建立

即是你對於空性的體悟，並且理解與空性背對背，一體兩面的有類似性的因果法則在運作。雖然我們現在還無法用數學的邏輯，去證明因果法則的存在；但我們可以應用體驗科學的方法，去實驗和驗證因果法則的存在與有效性。

在量子領導力中，我們認為因果的呈現，最主要的是基於同頻共振的原理而出現的。生命的真相是，我們心靈底層的動機會決定一個頻率及能量層級，而這個頻率與外界要發生的事物之間的頻率，產生了互動；高頻會啟動低頻的物質震盪，高頻會吸引低頻的人來靠近。

因此當你具有高頻的動機層次、高頻的狀態時，你會啟動低頻的人與物來靠近。而這個過程就會讓你的期望，這個基於高頻的願望，逐步顯化來到你的身邊。當雙方產生了同頻時，就會發生巨大的共振現象。

因此這個頻率啟動、轉化、吸引、同頻的過程，在現象界裡就會呈現因跟果之間的關聯。經由日常的觀照與冥想中深度的覺知，經常可以發現呈現在面前的境相其實是果，與之前的某個事件之間有一個關聯，而這個關聯就是我們所說的因果關係。所以洞察力的來源，第一是基於對空性與因果的觀照與認知。

基於在洞察的過程中，能把你的心智空間放大

我們對事物的洞察很有限，往往是因為局限在狹小的觀察空間跟時間區內；我們所關注的範圍經常是很窄、很小的。大腦科學家說，我們的大腦具有數千億的腦神經元，每秒有四千億位元左右的資訊處理，而我們能覺察的只有兩千位元左右。

人體有數十億的細胞，每天要進行數百萬的化學反應，才能維持正常的生命，而我們大

多數的人對這些反應是毫無覺察的。宇宙是無窮無盡的，其能量與力量對於一件事物的影響也是來自於無窮無盡的方面。如果你的心智空間越大，時間的視野越長遠，你能夠觀察到、覺察到影響事物發展趨勢的因素與動力就會越多、越完整。

所以孔子才說，人無遠慮，必有近憂。這是從時間軸來看的。就空間維度而言，如果你要分析一個趨勢，只關注周圍直接相關的因素，將會漏失很多可能產生影響的深層因素。如果你能夠把空間放大，從一個人的周圍到一整座城市、整個區域，甚至到整個國家，最後把地球上所有可能對於這個點產生影響的力量也納入考慮，那麼你能夠看到對這個點的驅動因素模型就會更加完整。

我們已經知道所有的現象，我們所看到的運動與發展，都是一種合力效應的結果。所以如果能看到更完整的各個分力及運作機制，對於事務發展的趨勢與進程，就會更清楚更容易地掌握全域。因此心智空間的大小，以及觀照覺察的能力也就決定了一個人洞察力的高低。

視觀察的維度

每個維度就是個獨立的象限，越高的維度就是能觸達更多獨立象限的能力。受限於存在三維空間的經驗，我們大部分的思維都源自於這三維空間的認知基礎，實際上生命是可以有多維度的；基於量子物理學，科學家已經證明瞭整個宇宙空間至少有十個維度。北京大學劉豐教授在他的《高維智慧》一書中就說明這一點，從高維到低維，是一種投影的現象。

想像你把一雙手放在一個投影儀的面前，做出一個像狗的手勢，我們會看到在二維的螢幕上，形成一個狗的影子！從三維空間與二維之間的投影關係，也可以推演四維到三維也會有這樣的投影關係。所以從十維宇宙的觀點來看，我們在三維發生的事情，實際上也可能就是來自高維空間的資訊，投影到了我們三維的世界。所以人類要開發心智，要有更深遠、更準確的洞察，就應該進入高維的空間，發展高維的智慧。

而要開發這高維的智慧就必須脫離三維空間的感官局限，因此冥想就是進入高維空間很重要的入口。當我們隔絕了五官、五感的介面，進入冥想禪定，心完全寧靜下來時，我們的思維，我們整個身心的狀態，就可以到達一種高維的狀態，不受三維生命感官經驗的局限。

因此當你能夠經常藉由冥想進入高維空間的狀態，再回到低維的三維世界，就能夠清楚洞察在三維空間裡所發生的現象背後的因與力。而這些因力中，我們會看到什麼是「第一因」也就是必要條件，只有一個；另外還有很多後續參與的助力，和合而成最後的結果，我們稱這些為「助緣」，也就是那些充分條件。

生命追求的金三角

我們在生命的追求中大概主要有三個領域：

一、自我的滿足與成長，其中包含對有形的身體、技能、行為等，和無形的思維、情緒與智慧。

二、關係的享有與發展，其中包含感情關係如伴侶、家人、朋友，以及合作關係如合夥人、同事等。

三、是我們追求的成就，可以包含我們的工作、事業、作品、創作等。

這三者的互動關係為何呢？是由哪裡啟動呢？如果我們能洞察其中的奧祕，就能淡定輕鬆地獲得這三者平衡圓滿的發展。我們想要的成就中，事業大多來白合作關係的圓滿，作品來自我能力與素質的水準。而關係的享有，不管是情感關係還是合作關係都是來自我能量狀態與連接，當這個連接是一種高頻吸引低頻或是同頻狀態的連接時，那就是幸福與成功的主要基礎。所以這個金三角中，自我能量狀態就成為驅動的核心了。

所以當你在觀察事物時，就可以特別觀察人的能量狀態，以及人和人之間同頻的連接；因為同頻在所有的人際關係裡是最重要的。同頻的意思，可以說是具有同樣的價值觀、同樣的願景使命，對事物運作原則的信念有相同的偏好。譬如老朋友中，隨著大家社會經歷增加後，發現有人的信念為社會黑暗、能自掃門前雪就好；有人認為社會需要每個人來貢獻才能進步，因此鼓勵大家多參與社會工作。這樣的價值觀差異，即使老朋友也會漸行漸遠的。反之，在同樣價值觀下，即使是陌生人也會因為同頻而很快地成為朋友或是合作夥伴。如果你能夠多觀察這個同頻的連接，也就能夠看到在整個因果的演化過程中，這個同頻連接可能就是最大的力量。理解這一點，有助於你在事務發展的洞察上，更容易把握到脈絡。

以上四點將幫助我們發展洞察力。對領導人而言，具有洞察力是非常重要的。因為領袖就是要引領一群人去到更美好的境地，具有洞察力才能夠瞭解什麼樣的方向與路徑，能把大家帶向更美好的未來。領袖的洞察力，必須貫徹到對於團隊中每一個人個別的需求層次與狀態，更重要的還有從微觀到宏觀的發展的趨勢，以及從宏觀到微觀的運作機制。

4 如何不靠任何工具，就有洞察力？

修練洞察力，其根源也是來自於領袖五力其中的觀照力與空性力的結合。在觀照力的修練裡我們說有四個指標，一是持續性，二是速度，這兩個指標幾乎足以讓我們解決所有日常的問題。當我們能隨時覺察自己的能量狀態，並及時快速地看到情緒的來源，就可以在瞬間轉化、調頻處理所有 EQ、情緒、人際關係等問題，朝我們的願力方向反應。

此外，洞察力的來源也來自於觀照力的後面兩個指標；觀照力品質的指標第三個是解析度，第四個是穿透力。解析度就像攝影機的畫數，早期的手機畫數很低，所以當我們把照片放大的時候，就看到很多馬賽克；可是當畫數提高到幾千萬之後，再放大都是很清晰的，觀照的解析度也可如此類比。

比如你進入一個聚會場合，看到一位穿著時尚、魅力動人，又八面玲瓏的美女，可是你卻覺得很不舒服，但不知道為什麼不舒服，以及這個不舒服代表的是什麼意思。如果我們的觀照力解析度夠高，就會看到原來這個不舒服包含了我對這個人的羨慕與嫉妒，想搭訕又無法靠近，又自責不應該嫉妒，又摻雜著幾份自卑感，這三種情緒組合在一起，生成了不舒服的能量狀態。如果你能夠較為清晰地覺察自己的感受，那就是你的觀察畫數比較高，也就是你觀照的解析度增強了。否則你只是會覺得不舒服，因為不舒服，可能就覺得這個人不好，或是你和她不合適，那以後就少跟她接觸。

但如果你發現原來自己的不舒服，是來自於對她的美麗，或是才華閃耀產生了比較而造成的，那你可能就不會選擇離開這個人；反而可能選擇放下自己這個錯誤的慣性，轉念一想她有很多閃亮點、態度又好，有很多值得我學習的地方，可以多向她學習。因此解析度的高低就會取決於你對一個現象背後的真實狀態，是否能夠看得清楚。

觀照力的第四個指標是穿透力。人的生命結構就像洋蔥一般，一層一層地包裹著。瑜伽的體系把生命結構由外而內分成：身體層—能量層—意識層—智慧層—靈性層。量子領導力就是在發掘生命較深層面，對於個人與組織的影響；從我們一般人最容易感知的身體與行為層面，進入了能量層與意識層，以創造更合乎人性與效益的領導關係與高效組織。

當我們的觀照能夠有比較好的穿透力時，就會清楚覺察到自己行為背後驅動的能量狀態和底層動機。並且在觀察別人的時候不會只是從他的行為去下結論，而能覺察他行為背後的動機，甚至發現他的內在驅力。如果再把解析度跟穿透力加在一起，你就更容易在一個場景中，覺察到所有人際互動的發生背後，是哪些心靈底層的微細力量，在驅動、在流通、形成交互影響的動態關係。當你擁有這樣的觀察能力時，自然就會形成很多的洞見，而這些洞見經由長期的累積，就會發展出驚人的洞察力！

因為觀照是以當下為單位的，佛經上說的當下從時間上來看一個約是三千六百分之一秒，每一秒有六十個剎那，每個剎那有六十個當下。而因為我們目前可測量的腦神經活動的最小週期單元是〇．〇四二秒，大約二十四分之一秒，所以一般我們看的動漫是一秒鐘二十四張，看起來就會像真實經驗一樣的流暢。觀照時在每一個當下，就形成一個 3 D 的影片，每秒有三千六百個畫面。

所以你難以想像，在我們的意識潛意識裡面儲存的這些 3 D 影片畫面，數量是如此巨大而精準的。當你把這些觀照的 3 D 影片畫面累積出來之後，逐漸地在靜心冥想中，就可以把很多事務的因果關係串起來，看到很多平常「醒著」的時候看不到的事情。

譬如，你發現團隊的情緒很不穩定，已經開始影響工作的狀態，一直希望在他們身上找原因，希望來整治他們。但經由自我觀照，累積幾天後，你可能就會發現原來他們的不穩定是來自於你的焦躁與不安引起的。當你累積了很多對於過去到現在的因果關聯觀察後，也就容易形成對未來發展趨勢的預測。我們在談洞察力時，代表你可以經由相對少數的資訊，去洞察跟預測事物與人物關係發展的趨勢，其實是因為在觀照力與空性力的累積與交互作用下，在一個場景中你能看到的資訊與深度遠比一般人高的多。

而我們在談論的洞察預測，並不是像算命或是《易經》八卦那樣的根據一套公式，一套架構來推算。我們並不否認易經智慧的高明，借助一套架構和公式的預測，是有一定程度的有效性，但同時存在著局限性，人們的創意與潛力容易被局限。

很多人喜歡借助八字、星座的算命，也發現這些方法對於過去具有一定的準確性，因此相信對於未來也有預測性。但是如果因此便認為自己的命運在出生時已經被「算定」了，那就是天大的誤解。你的八字命格只是代表你的「出廠設定」，是你業力的一部分，而你的生命每個當下都還有其他三力（場力、念力和願力）可以藉助，因此你的未來還是具有無限可能的。

一旦你決定了要採取不同的做法，只要你的念力和願力足夠強大，就可以突破命運帶給你的局限。所以孔子才說「善易者不卜」，真正參透《易經》的人不會依賴卜卦來決定自己的未來。這裡說的洞察力並不依賴任何其他的工具與方法，而是平常不斷積累觀照力與空性力，就能夠產生洞察力。

例如三國蜀漢丞相諸葛亮，具有上知天文下知地理的預測能力，可是在面對國家未來重大抉擇之際，仍然依循內心的願力和念力「知其不可而為之」。國運也許有所局限，但其不為命運屈服的生命意志與格局，成為千古流傳的典範。

所以我們還是鼓勵領導人，由觀照洞察自己入手，並且借助每個當下操之在己的場力、念力和願力，開展可以無限擴大的生命格局。

談完了觀照如何增長洞察力，接下來探討空性力又如何助長洞察力？空性就是我們瞭解到萬事萬物無法決定自己的本性，都是經由觀察者來決定的；其實也隱含著萬事萬物的可能性就像一個空間中的波而不是一個定數，也就是一個波函數在空間中具有的無限可能性。因此所有的事物可以有無限的觀察者視角，也就具有無限的可能和無限的維度。

所以在空性的狀態裡，你可以看到一個事物不同的視角、不同的維度、不同的發展潛力。在這個無限搜索、聯想、想像的狀態下，對於事務發展的軌跡的觀察，就會讓你體會到因果法則的威力，而生出敬畏並全然臣服。所以觀照讓你看到當下的真實，和真實之中更深層的各種力量的運作，以及這些力量之間的關係。而空性，讓你看到事物發展的多種可能性，以及真實發展中底層的因果法則。把這兩種能力結合在一起，就自然形成你的洞察力！

洞察力不只是可以知道事物發展的來源，從過去到現在，從底層到表層，從粗顯到精微；另外你還可以看到實際上沿著事物發展的方向外，還有其他的可能性。領袖五力中經由觀照力、空性力、調頻力和包容力的修練，洞察力是最後交互匯總呈現出最高境界的能力。

所以當領袖要引領一群人去到更美好的境地時，不只是因為他自己有理想、有方向，更重要的是他能夠覺察，照顧所有跟隨他的人個別的需求，以及整合出來後的可能性，並且讓每一個參與的人都能實現自己的夢想。更重要的是能對於外界環境變化趨勢的洞察，看穿現象層下因力層的運作，進而能推演未來的方向與路徑。

然而融合了從量子物理啟發的世界觀及心靈能量的生命觀，加上我們對於當下四力的體悟與瞭解，我們已經看到，對於未來最好的預測就是創造未來！而這就需要基於領袖五力的修練，最後以洞察力來引領我們朝著共同的理想合力前進。

讀後觀想

1. 深度冥想：找一個較長的空檔時間，選一個困惑你的課題，然後安排一個安靜的環境，進入一個較深的冥想，至少三十分鐘以上。冥想前把課題以疑問句問自己，冥想中不要去想，就是數息、觀呼吸、靜靜地觀察自己。結束後看看你對這個課題的解答是否清晰了。有時一個課題可能需要幾次的冥想才能出現解答。

2. 直覺預測：在你練習了前面的觀照力與空性力後一段時間，開始練習傾聽你內在的直覺預測。對於一些你熟悉的人和事務，開始在內心裡「偷偷地」預測下一步將要發生的走向，然後對應看看真實的發展和你的預測差距多大？如果能記錄，事後再反思，也將會提高你的「直覺預測力」。

3. 保持好奇：每天學習一件新事務，小到一個新名詞的定義，大到一個新功夫。每天保持對新事務的好奇與學習。

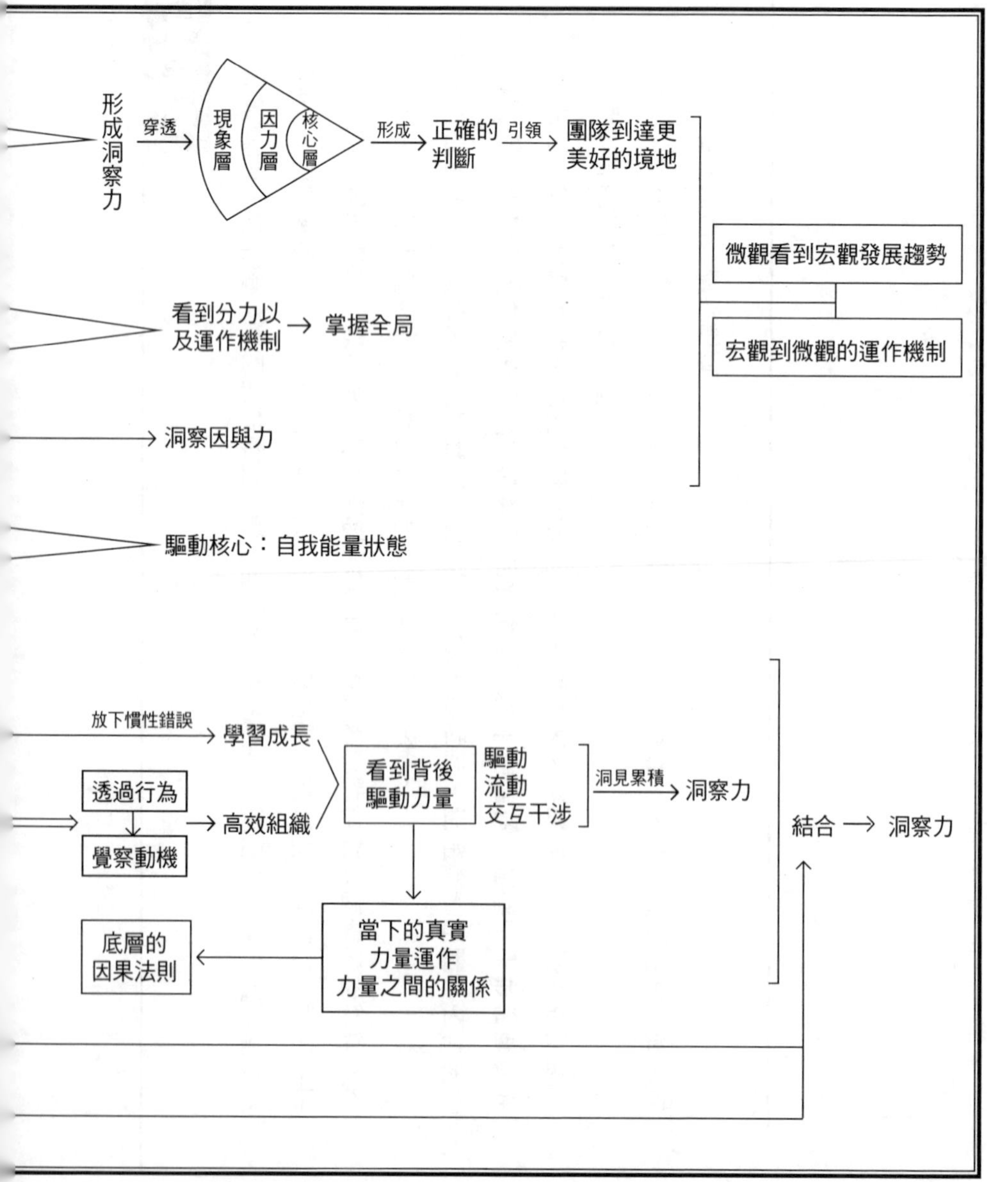
形成洞察力
穿透
現象層
因力層
核心層
形成
正確的判斷
引領
團隊到達更美好的境地
微觀看到宏觀發展趨勢
宏觀到微觀的運作機制
看到分力以及運作機制
掌握全局
洞察因與力
驅動核心：自我能量狀態
放下慣性錯誤
學習成長
透過行為
覺察動機
高效組織
看到背後驅動力量
驅動
流動
交互干涉
洞見累積
洞察力
當下的真實
力量運作
力量之間的關係
底層的因果法則
結合
洞察力

導讀思維構圖

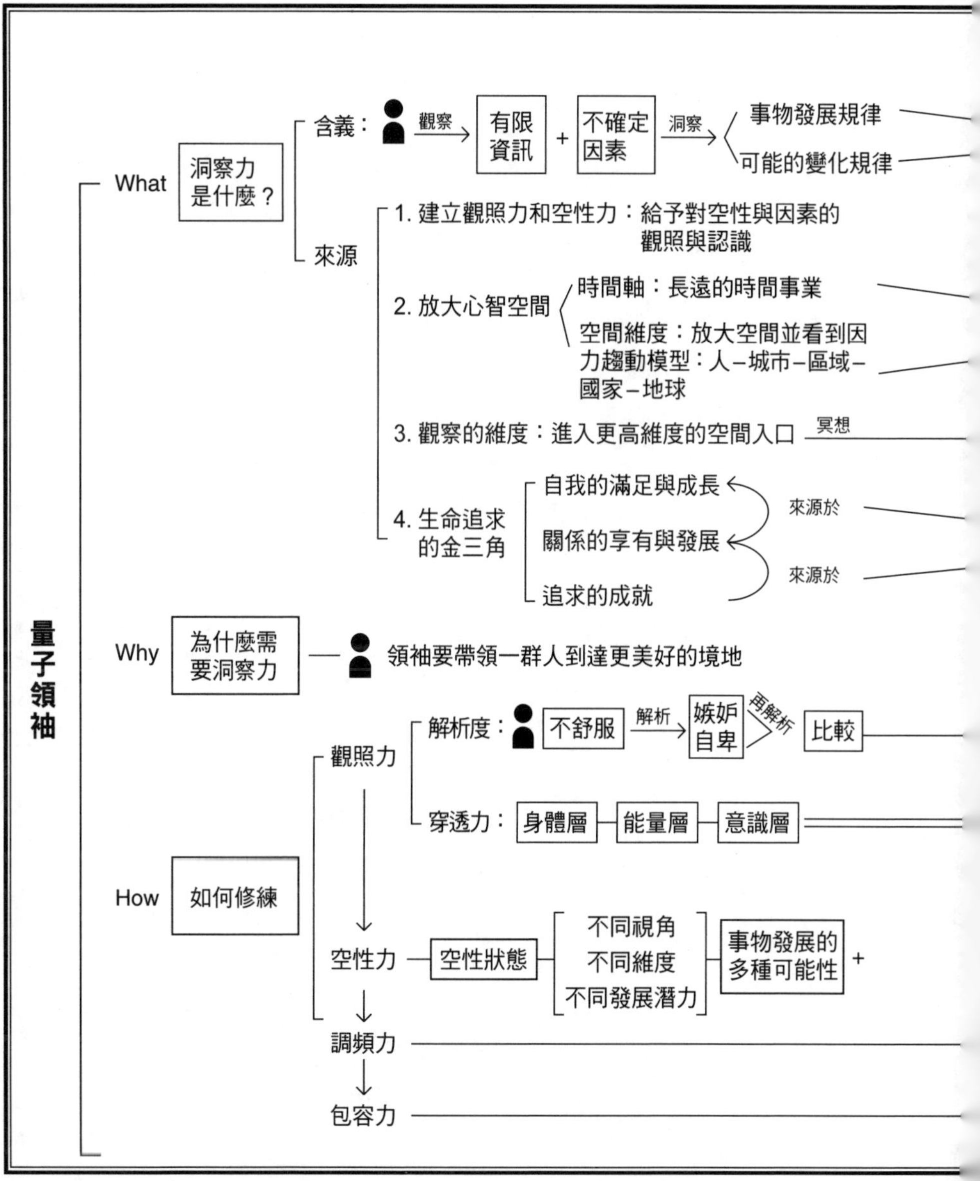
量子領袖
What
洞察力是什麼？
含義：
觀察
有限資訊
+
不確定因素
洞察
事物發展規律
可能的變化規律
來源
1. 建立觀照力和空性力：給予對空性與因素的觀照與認識
2. 放大心智空間
時間軸：長遠的時間事業
空間維度：放大空間並看到因力趨動模型：人－城市－區域－國家－地球
3. 觀察的維度：進入更高維度的空間入口
冥想
4. 生命追求的金三角
自我的滿足與成長
關係的享有與發展
追求的成就
來源於
來源於
Why
為什麼需要洞察力
領袖要帶領一群人到達更美好的境地
How
如何修練
觀照力
解析度：
不舒服
解析
嫉妒
自卑
再解析
比較
穿透力：
身體層
能量層
意識層
空性力
空性狀態
不同視角
不同維度
不同發展潛力
事物發展的多種可能性
+
調頻力
包容力

Part 3

量子領袖的成功典範

第11章

運用量子領導力的量子組織實例

格物致知，誠意正心
修身，齊家，治國，平天下

——《禮記・大學篇》

1 什麼是量子組織？

量子是能量的最小單位元，位元是資訊的最小單位元。人類的文明在每一次對於「最小單位」的發現有更進一步的突破時，即創造出一個新時代的變革與科技創新。從原子時代的原子筆，核子時代的核能發電與核子武器，電子時代爆發的電子科技革命，到數位元時代的資訊革命和網際網路，每每都帶領世界進入一個新的時代。

而量子物理的理論與實驗經過了近百年各國科學家不斷地投入與貢獻，已經進入將理論導至科技產品發展階段，創造出量子新時代的潮流了。二〇一七年五月三日，中國科學院宣布發明世界上第一台光量子計算機，應該就是新時代的里程碑。

然而量子的理論與理念運用在領導力與組織上的領域，仍是方興未艾，正處初期萌芽的階段。但我們發現運用量子領導力運作的組織成效卓著，感到非常驚喜也對未來更充滿信心。我們發現，正如量子是能量最小的單位，而個人則是組織最小的單位，能量的變化契機存在每個當下，而當下是生命的最小單位。

當我們能把管理與組織的關注點更加細膩化聚焦在最小單位，以每一個個人、每一個能量狀態為基礎來發揮；而不再沿襲傳統以組織整體架構、功能部門、巨大的中層管理等為基礎，那麼所激發的力量將是巨大的。

就像海爾集團創辦人張瑞敏所說的，「二十一世紀將是量子管理的世紀。所有之前二十世紀的管理理論都應該被淘汰，過時了！西方的管理在我看來更像是在做量化管理，而不是量子管理！」他已經在海爾依次實施組織變革「每個員工都是自己的CEO，每個員工都具有成為創業者的潛能！」

當我們在市場上搜尋已經有哪些公司，在運用量子領導力的理論或核心理念領導組織，以及組織的成效如何？我們驚喜地發現，雖然目前這樣的組織數量很少，相對於整個主流的市場還是一個很小的小眾，但他們的成果是非常驚人的。他們的成長速度、組織成本結構、市場競爭力、人員士氣等方面都是很優異的。這更確認了我們對量子領導力的研究及量子世界觀，將為未來企業管理學界帶來的衝擊是巨大的預測有更大信心。

2. 量子組織的特點

我們進一步發現這種量子組織的企業具有一些共同的特點：

領袖鮮明

量子組織的員工與參與的成員幾乎都有一個共同理由，就是被組織的領袖吸引。被他的領袖魅力、人格魅力，以及領袖們所標榜的理想境界所吸引。並且因為領袖以身作則，所標榜的理想也是他們自己的人生信念與做人原則；因此不管是在這些領袖身邊的核心工作團隊，或是來自網絡傳播所加入的鐵桿粉絲們，都相信他們的領袖可以引領他們去追求這個理想。在訪談中團隊們對於領袖的領導力都給與極高的評價（一至十分中高達九分以上）。

高壓力伴隨高幸福感

由於組織的領袖對自身與組織有很高的期望和標準，因此不管對於組織的績效、個人的成長都有很高的要求，並且在做事的品質上也有很高的標準。因此他們都有共同的特點，就是工作強度很大，每個人扛的責任都遠超過一般同年齡、同資歷的人的好幾倍。

然而在高壓的工作環境中，大多員工表示，因為他們認同公司的理念與自我成長的驅力，面對壓力是帶著幸福感的。這種高工作壓力與高幸福感的同時存在。

高效能，高士氣

組織的成長業績都很驚人，每年都是數倍的成長。當然初創企業成長動能與空間本來就較大，但其成長趨勢形成的指數性跳躍正如量子能階跳躍一般，不是一般傳統企業能見到的。對於基層員工，直接接觸市場的團隊，大多採取小團隊，充分授權，組織賦能的原則；由於成員普遍性認同組織的願景並與自身的成長突破相結合，對於工作本身又有高度的自主性，對於結果的責任、權力、貢獻與利益價值有很清楚的匹配，因此整體的士氣與效能績效都很出色。

組織無邊界，高槓桿

新型的量子組織，參與的成員來自對組織願景與價值觀的認同；成員可以來自四面八方，並且以不同形式與關係投入。

因此，組織的邊界與傳統對於組織的看法已經截然不同了！以傳統對於組織的邊界是「支薪的員工」而言，這種量子組織所撬動的整體社會資源人力，對企業願景使命的投入貢獻與內部員工的比例，形成一種新的組織槓桿效能。由這個比例來看，我們看到量子組織的「高槓桿」效應。

3 量子組織的領袖如何領導？

接下來我們就要來探討，這幾家公司以及他們的領袖領導的思維方式與傳統組織領導力的不同。他們在領導的過程中，是應用什麼樣的原則來領導組織，以創造出這樣子的成果。

量子組織實例分享——行動派

行動派創始人是劉曉琦（琦琦）和李婉萍。公司總部位於中國深圳，員工約有七十人，是中國最受歡迎的青年學習型社群之一，致力於幫助青年人用行動實現夢想。倡導「學習、行動、分享」，從而實現「夢想清單」的人生。旗下有行動派社群、行動派大學、行動派新媒體矩陣等業務板塊。分別在微信、微博、與喜馬拉雅的公眾號累積共有超越三百五十萬的粉絲。

行動派對於一九九〇年出生後（簡稱九〇後）的中國年輕人來講，可就是一個「知名品牌」，但對於九〇前的資深人士可能就默默無名了，很鮮明地看出兩個世代的認知差距。公司是由兩位年輕人所創辦，她們的工作經歷並不是太長。創辦這個公司之前，基於自己的需要與興趣愛好，從帶領讀書會開始，然後辦公益學習活動，又積極在微博分享，結果吸引來數十萬的粉絲。

這數十萬的粉絲又複製她們的讀書會轉化成中國各地都有讀書會，而各地的讀書會就有越來越多的需求，希望她們去支持、去演講、去辦公益學習活動。最後促使她們形成創業的念頭。再把原來的活動加上網路思維和顛覆式創新理念結合在一起，發現原來社群的商業模式具有巨大的潛力。他們的核心組織員工只有少數幾人，但創造出很大很多的活動和成果。

行動派的員工大多來自本身的社群或粉絲，每個人都以能參加這個組織為榮，因為加入前就很認同企業的願景與使命，並且本身就曾是受益者。團隊成員絕大多數都是九〇後，甚至九三年、九五年和九七年的。也就是說，在工作經驗上都少於三年以內，但是他們不受限於自身工作經驗，非常大膽的承接很多重大的責任，願意嘗試他們從來沒有做過的事情，大膽的扛著業績目標，不斷的往前衝，不斷的突破自己。

有一次，我親自參加他們的年度大活動，中國各城市所有的圈主聚會在一起，對他們而言是一年一次最重要的線下大活動。而這個負責承辦的人是位九五後的女孩（他們員工八〇%以上都是女生），這是她第一次承辦這種規模的活動，內心的壓力很大，但是態度卻非常的積極。

最後一段節目，琦琦來到了現場。在整個活動剛剛結束後，她就在活動現場，不顧一切當著數百多人面前抱著琦琦嚎啕大哭了三到五分鐘，兩人的關係似乎就像小孩看到媽媽一般充滿強烈的愛。我很感動也感到納悶，在我幾十年的管理生涯中，還沒有見過這樣的場面與關係。

後來經過瞭解，原來在行動派的員工都會不斷被鼓勵面對自我邊界的挑戰，但是又獲得無限的支持。當他們能夠突破自己時，那種過程中的痛苦混合著突破後的成就感與驚喜，就迸發出山洪般的淚水。而琦琦一方面要成為他們突破的驅動壓力源，另一方面又要作為情感加油的源泉。

琦琦在訪談時說：「現在很多人遇到的問題是，我不知道如何去管理九〇後。九〇後你不知道怎麼管理，九五後你也不知道怎麼管理，那二〇〇〇年後來了你就崩塌了！尤其他們的三觀都是顛覆的，但是其實大家可能沒有辦法說明白這件事情已經跳脫管理；而是回到人的本源，是你有沒有尊重這個個體。之前你是透過管理的辦法，但是沒有去尊重他，只是說：你過來聽我的話；然後就給他設計一二三四五，你要多少錢我給你加。實際上你只是在一直在想變相地控制他，未能給予尊重。所以這是管理方式的變革，我們回到了愛的本身，雖然這句話聽起來有點高調，其實就是回到了愛和尊重的本身。」

當我們談到她的這種領導方式是否可複製時，她說：「完全是可複製的，你只需要每天隨時隨地問自己的起心動念是對的嗎？這樣子就可以了。這就非常好的，也是非常重要的修練。這也就是我之所以做事情的理由，藉著做事情來修練自己，讓企業成為你的道場。」這段話不就是我們在前面觀照自己的意識能量層級並且不斷調頻嗎？

行動派的琦琦形容她看到的趨勢說：「現在他們都是量子的個體，因為他不需要靠組織的生長環境也可以創造自己的天地，這趨勢在這一代乃至未來的一代是要發生很大顛覆的，甚至整個組織的形態都要發生一個巨大的變革！」

她進一步對領導們說：「現在這個時代為什麼要用量子式的管理方式，因為其實量子是可以產生無窮裂變的。可是你鎖定說，我這個量子未來只能做這個東西，那你就把這個趨勢錯過了，你其實是在用上一個時代的思考模式來看這件事。」

量子組織實例分享——俺來也

俺來也（上海）網路科技有限公司於二〇一四年十一月成立，創業兩年從零到估值二十四億人民幣，二〇一六年九月完成B輪融資。二〇一八年初完成一．二億人民幣B輪融資，正向獨角獸陣營邁進。二〇一六年獲評為「中國最具潛力創業公司」，也被評為高新技術企業；俺來也校園網上商城平台Android App被認定為上海市高新技術成果轉化項目。二〇一七年十一月，俺來也品牌廣告登上美國紐約時代廣場納斯達克大螢幕，向全球化邁進。

CEO孫紹瑞（老孫）也獲得二〇一六胡潤創富新勢力企業家獎，二〇一七年十一月成為《中國青年》雜誌封面人物。

有次，老孫邀請我和公司管理團隊約三十人一起去聽交響樂，對很多人而言這是第一次進入上海音樂廳。這是一場由奧地利交響樂團演奏的音樂會，我們都坐在很前排，感受到那音樂的美與每個演奏者專注投入的震撼。會後，大家以為結束了，沒想到老孫包了一個餐廳的宵夜場，大家又齊聚到餐廳，看到原來還布置了一部投影機和銀幕，看來後面還有節目。

大家一邊吃著宵夜，聽著老孫興奮地和大家分享他去創業營學到的一堂課「為何你不懂音樂？」老孫擅長吸收各領域的知識與新思維，又很積極地與團隊分享，恨不得像孫悟空一樣，一把猴毛複製出數十個老孫。大家不瞭解為何老孫要花這麼大的成本與心力，來讓大家學習如何欣賞古典音樂。

經過一個半小時的講解後，大家才理解，原來我們的五官眼、耳、鼻、舌、身，與外界的色聲香味觸，雖然看起來是不同的資訊性質與管道，但是最後在腦中所形成的美的感覺、感受是相通的，稱為「聯覺」。而作為知識青年的社群平台，我們要傳播的不只是知識、娛樂的層面，更應該有美的境界。

蘋果、小米與其他品牌的產品就是在美這個元素上獨勝一籌。因為有聯覺的效應，我們學習欣賞美、感受美、創造美，就可以從不同的感官入手，而音樂聽覺就是一個很容易的管道。那天聽完老孫的這堂課後，幾乎已經是午夜了，但是大家的精神還是很好。回家後午夜夢迴，我深深感受到老孫的用心與愛心。

老孫經常強調「美」也是生產力！他說：「美」不是光靠設計來展現的。導入文化藝術的培訓，讓員工面對事物的切入點更多元，增強對事物極致的理解，從而影響他們的工作輸出。」並且進而闡述這種文化藝術的美如畫與企業文化結合。他說：「願景、使命和價值觀等企業文化怎麼才能深入內心？要通過文化藝術的形式來表現，否則價值觀是空洞的。」因此老孫會親自編寫團歌，把企業文化融入到歌詞中，很容易產生情感的共鳴。

前年，俺來也在內蒙舉辦青春創業營，現場一百多位大學生在草原上一起唱《青春冬夏》（老孫為「筋斗雲」作的歌），那種凝聚力震撼了在現場的蒙牛高管和湖南衛視的主持人，他們覺得太不可思議了！

老孫也堅信，幸福感與生產力是息息相關的。他說：「高幸福感和高績效不但可以並存，而且正相關。舉一個很簡單的例子，我經常會去巡視辦公室，發現績效好的人，他的辦公桌一定是乾淨、有層次、有邏輯、充滿美和幸福感的。而且強者愈強，辦公桌越有層次和幸福感，他的工作就越有效率；當賦予他更多職能時，他會很有效分配自己的時間。感性認知和理性績效之間存在某種橋梁。」

而對於為何他能號召這麼多人來支持他、跟隨他，他對領導力的看法是：

「領導力不是因為職位而授予領導力。而是你在不同崗位、不同環境中都能顯現領導力。具體表現在：一、清晰地表述目標給團隊和形成統一價值觀的能力；二、在現有資源配置下，能協調團隊優勢和劣勢，組成相對完整的團隊。即使不完整也能往前走；三、領導別人前先要領導好自己，能把自己當做最重要的員工來領導。」

對於一位創業十多年一直在服務大學生，並且以「影響全球知識青年的新生態平台」為願景，和「助力全球青年大學生成長、成才、成功」為使命事業的領袖，老孫深深地恪守著自我修練的準則。

量子組織實例分享——上海可果

顏秉田是上海可果環保科技有限公司創始人兼CEO，其主要商業模式是透過智慧物聯網淨水器當入口，打造智能淨化家電生態圈，簡單講我們目標是小米，但我們更專注於智慧淨化類家電，目前已經完成種子輪跟天使輪融資，現階段正在準備第三輪融資。

此案例，我請他完成問卷調查，把他運用量子領導的經驗記錄下來。

你為什麼會接觸量子領導力？是在管理上遇到難題嗎？

是的，我在二〇一七年接觸量子領導力，當時公司處於很危險的情況，帳上沒有現金，發不出工資，融資沒到位，每個月虧損，負債幾百萬，隨時都有可能結束。

如何落實量子領導力？

量子領導力主要強調的是領導人就是整個公司的共震源，領導人的能量頻率有多少，就可以共振出公司的能量頻率有多少，我是一切的源頭。從那一刻開始，我就特別注意我的能量頻率。這是第一步。接下來就是運用量子領導力的一些方法，像是PASS系統、三不原則等。

從量子領導力獲得哪些具體好處？

好處太多了！首先，公司活過來了，我們挺過了艱難的一年，並且現金流越來越穩，營收也逐步增加，二〇一七到二〇一九年，是異常艱難的三年，很多之前比我們體質要好機會要好的公司都倒了，我們不僅活下來，還越來越好。

第二點是我個人的改變，我從創業後一直活在壓力中、競爭中，工作壓力大，情緒也異常暴躁，整個人長期處於不好的狀態，我本身也有宗教信仰，也有修行，也會打坐冥想，這些有幫助，但是內心一直處於很焦慮跟暴躁的情況。學習量子領導力後，讓我知道一切都源自於我的能量層級，我開始時時留意我的能量層級，慢慢的，我的情緒穩定了，活的自在，很多以前處理不好的事情現在也處理的更好。

第三點是意外的收穫，就是我的家庭，因為我創業的關係，跟家人聚少離多，而且我的情緒一直很暴躁，我跟家庭的關係一直很緊張，包括我的母親、妹妹、太太，其實他們也不太支持我創業，那個時候蠟燭兩頭燒，常常覺得自己很孤獨。因為量子領導力，我覺察了我自己，當個高能量層級的共振源，我的家庭現在非常的和諧，全家都支持我創業，這對我來說是超級意外大禮包。

第四點，當我已經可以習慣性的覺察自己能量頻率，並且調頻跟共振的時候，就會發現，跟人合作的速度加快，合作上也更流暢，具體體現在我的代理商，供應商跟員工上，整體來說，公司運作的效率也增加。基本上現在公司不需要我管理，他們也運作的很好，我就有更多的時間思考下一步的戰略跟布局，也有更多時間陪家人。

在實踐量子領導力時，執行上有什麼困難？

我在量子領導力也擔任過幾次教練，輔導過幾十名學員，這邊我統一整理一下我自己跟我藉由輔導學員中，看到的一些共性，一併分享。

第一點是想法的改變，學習量子領導力之前，一切都是外在或別人的問題，學習後，一切都是自己的問題，這裡的問題指的不是做事的原則或方法，更多指的是能量層級。很多沒辦法運用量子領導力的，第一個原因就是他不覺得自己有問題，自己想的都是對的，只是別人沒照他的方法去做，這是常見的第一個困難。

第二點就是只停留在理論知識上，簡單說量子領導力的理論跟原則很容易理解，所以很容易懂，但是真正要實踐，是需要去運用的，很多人就是懂了後不去練習跟用，這就是大陸常說的不落地。

第三點就是依舊相信傳統管理方法論，量子領導力從內容上是比較唯心的，大多數學習傳統管理方法論，尤其是學的好的，都是比較唯物的，簡單說A↓方法論↓B，A透過一套方法論後，理論上可以產出B，或者是我們要的是B，現在有的是A，然後我們就尋找怎麼可以把A透過管理或者是系統可以到B的方法，這樣的管理方式比較偏向於工業時代的管理方法，其實對於管理者是比較容易操作的，也比較簡單，但是現在社會人心比以前自由的多，訊息接收的多，所以很多來學習量子領導力的都是有意識到自己過去的管理方式已經不適用，想學習新的管理方法，但是學習之後還是又回去老的模式。

我自己的總結就是量子領導力是心法，管理方法論是功法，練功需要心法跟功法兼具，才會真正有效的。

如何確保自己落實量子領導力？

其實確保的方式很容易，外在世界顯現就是最好的檢驗結果，企業是否越來越往目標前進，使用者是否越來越多，現金流越來越穩，是否持續保持創新，團隊是否越來越凝聚。

另一個的檢驗點是家庭，上了量子領導更容易明白古聖先賢說的誠意、正心、修身、齊家、治國、平天下，會運用量子領導的人，絕對不是只在某一方面用的好，而是方方面面都可以用的好，所以方方面面都是檢驗點。

跟過去的管理模式，有什麼差別？能否舉例說明？

在我自己的運用經驗上，我提出兩點：

一、以前主要重視結果，過程中就是要把結果逼出來，一切就是目標導向。這樣的方式導致工作壓力大，也導致人員流動率高。學習量子領導力後，我更關注過程，尤其是在執行過程中每個人的能量層級，包含我的能量層級、員工的能量層級、客戶的能量層級，因為我知道能量層級對了，路徑就對了，結果就不會差到哪去，甚至可能更好。

二、以前會堅持我的路徑才是對的路徑，現在會讓執行的人用他們自己喜歡的路徑跟步驟去達到公司目標。用以前的做法我很累，一切都是我決定，員工越多我越累。現在的方式讓我很輕鬆，而且我相信會越來越輕鬆，因為大家都會自己做好自己。

我舉個實際的例子，我們公司是淨水器公司，其實淨水器品質很好，漏水率很低大概萬分之幾，可是淨水器需要人去安裝，有時候就會因為安裝師傅的原因導致漏水，剛好在二〇一七年初跟二〇一八年初，兩年都因漏水發生重大事件，都是師傅造成的漏水導致客戶大樓電梯淹水，都是損壞兩部電梯，都要賠錢。

二〇一七年初我還沒上量子領導力，做法就是先找到錯的人，然後各種舉證我們公司沒錯，是安裝師傅的錯，我還跑到現場去調監控攝影，目的很簡單，嘴巴上講一切要有憑有據，該我們賠的我們就是會賠，然後還跟客戶說其實設備給客戶，客戶也有責任，物業也有責任，其實心理就是希望可以證明我們公司錯越少，能夠賠的錢就少，最後我們賠了快兩萬人民幣，事情大約花了七天處理好。整個過程中我的能量層級大約是憤怒到恐懼。

二〇一八年初一樣事件發生，一樣兩部電梯，連電梯壞的地方都差不多，這次因為我學習了量子領導力，所以我先調整我自己的能量層級，確保自己是在「主動→寬容→愛」，之後去處理，我調頻好後第一句話就是讓我們客服跟客戶說，我們公司會負責到底，請客戶放心（幫客戶調頻），第二件事就是請當時安裝的師傅，趕快到客戶現場，看一下到底是什麼情況，同時我也跟師傅說，我知道他不是故意的，沒有人會希望看到這個結果，而且就算是我自己去安裝，我也會犯錯，他其實是代替我去的，這個錢公司也會賠償，請師傅去的過程中，要吃好飯，狀態要好，我們錯都犯了，現在就是去補救，我們的狀態要好，客戶很無辜，我們要趕快去幫客戶處理好（幫員工調頻）。最後的結果是事情當天就處理好，理賠協調的過程中我幾乎沒有參與，客戶很好的幫我們記錄電梯維修過程，師傅自動幫我們跟電梯工人維修談價格，最後我們賠了四千五百元人民幣。

我的功能就是，第三天帶著禮品跟師傅一起去拜訪社區物業跟客戶，客戶說我們的危機處理很好，他幫我們介紹了其他客戶，物業說他們社區其實每個月都有好幾起的淨水器安裝漏水，淨水器品牌公司從大到小都有，但他們從來沒有看過一家公司像我們這樣，危機處理這麼快，效果這麼好。整件事情，我的能量層級是從主動到愛。現在，我對我們公司很有信心的原因，也是因為我們連安裝師傅都可以用高的能量層級去處理危機。

執行量子領導力後，公司團隊有發生什麼變化？

我們團隊變得更會替客戶著想，替公司著想，替公司未來著想，當然他們也會替自己著想，以前是先替自己，現在可以同時兼顧，另外團隊也更凝聚。

是否有具體的成果或奇蹟？

從內部運營上，我上面講的案例就是一個具體成果，其實企業每天的突發狀況很多，尤其是創業公司，在公司運營上，主要就是讓團隊可以自動協做，用主動以上的能量層級創造讓用戶滿意的結果，同時又可以兼顧公司的利潤跟現金流。

也因為團隊可以自動，所以我有更多的時間去準備企業的下一步，在這幾年市場很不景氣，融資緊縮的情況下，我們的客戶穩定增加，現金流穩定增加，我們陸續研發新的產品，開拓新市場，包括要在海外開設新公司，這些都是量子領導力具體運用的結果。

過去的管理難題，是否因為執行量子領導力後就獲得解決？

我因為擔任企業教練，有機會深入瞭解不同企業面臨的問題，其實從表面上看管理難題每家企業都不同，但是其實歸根究柢，企業就是由人組成，所有的問題都是人的問題，企業在成長過程中一定會面臨很多難題，尤其是不同層面，從行銷、市場、研發、財務、產品等各種難題，這些難題企業越大問題就會越多，以前我們學習的很多管理方法論，在A企業適用，或在A環境下適用，到了B企業或者B環境不一定適用的案例比比皆是，原因是因為大多數方法論都把企業當成一部機器，學習了量子領導力你就會發現企業由一群人組成，本質上說企業其實是一個生物體，最小單位是個人，核心也是人，所以把人搞好了，企業就自然會好，而量子領導力就是可以把人搞好的新時代的管理方法。

所以對於這個問題，我的答案是 Yes。

會建議其他公司領導人採用量子領導力嗎？為什麼？

我會強烈建議，因為網路時代，人們獲取資訊的速度是以前的幾倍甚至幾十倍，企業的競爭力跟獲利的根本來自於資訊不對稱（或 Know-How），當資訊速度提升時，環境的變換速度快，企業的競爭速度也會增加，與此同時，人也因為獲取資訊速度增加而更訴求自由，人性，簡單說人更難被制式化管理。所以現在企業特別需要一個有彈性，可以快速應變外在變化，時時保持創新，進步，可因時因地因人制宜的團隊，而團隊的最小單位是人，所以如何把人搞好，我覺得是未來競爭的關鍵，在把人搞好的層面，量子領導力絕對是個超級好的方法。

多位量子領導實例分享

時時活在當下，一切在我

——袁功勝，上海朴道水匯環保科技股份有限公司董事長

我是自信從容的領袖，我明白時時活在當下的意義，一切都在我！

我把自己的領導力目標確定為時時活在當下，一切在我。第一次接觸量子領導力，就讓我心頭為之一震，覺得這個體系為這些還在為生活打拚的我們道出了人生的真諦，讓我們更懂得人生的意義，明白空性的道理和覺知時時覺察的重要性，我瞭解了每一個踐行運動和量領實修的關係，這一切都圍繞不斷提升自己能量層級為中心原則。透過光行我的覺察力已經感覺很好，感知腳底讓我產生了喜歡的感覺，冥想讓我享受到了呼吸的美好，大大提高了我的專注度；對空性的新的領悟，讓我不僅能觀察到自己的情緒波動，更能讓我在情緒中懸崖勒馬，及時止損！

提高能量層級，活在當下將是我的終生課題，我相信能夠接觸到量子領導本身就是一種福報，珍惜並享受每一個當下，把實修功夫運用到實處才是它最大的用處，我會把它變成自己的習慣。

管理自己的最好方法——時時覺察自己的行為

——麻英君，上海朴道水匯環保科技股份有限公司總經理

我自己一直知道自己的內心被各種委屈給壓抑著，來自於企業、教養、婚姻的煩惱，更多的是來自於自己的願望和實際差距所產生的，所以時不時地每兩年都會有想逃離上海，躲到沒人的地方去生活一段時間的念頭，而自己內心深處被催眠後看到自己的願景是自由飛翔的領袖，也許自己要的就是那種自由的感覺。

接觸到量子領導力和 Max 老師，是生命的偶然，更是生命的必然，我更加清楚領導力與自我管理的關係，一切在我，一切都是可能的，關鍵的核心是自我，我心自由，我本自由，自由即飛翔，自由即海闊天空，所以關鍵在於心自由，而心自由在於我！

被忽略的是那顆心，所以心委屈了，也就沒法發揮力量了，所以我提醒自己，讓自己的意識能量等級保持在勇敢二〇〇以上。

時時覺察本我的存在，時時觀察自己的行為，沒有比這個更好管理好自己的方法了，其實我們知道我們想要什麼樣的自我，只是以往被情緒支配多了就失去了清醒的自我，然後重複犯錯。

管理的基本功就是，心中有數

——胡亮，廈航福州分公司副總經理

我在無意間看到一篇文章〈量子領導力〉，我覺得挺有吸引力。在我之前的概念裡，量子科學運用於管理和領導力，應該是研究不確定世界的應對方法。這也正好符合我的職業。

《量子領導》先從什麼領導力談起，領導力就是要上連天，下接地，要帶領群眾，解決難題，每個具備高效領導力的人，都有自己的風格。但不具備高效領導力的人，卻又著共同的特點，這包括缺同理心、弄權威、自我為中心、破壞性批評，以及習慣說不。而最大的問題，就是——看不到自己。

我們很多時間都是在關注別人，關注他們的行為，關注社會的現象，卻很少留一隻眼睛看自己。我們習慣於相信直覺判斷，而忽略了九五%周遭資訊的攝入，感官的刺激。很少注意到自己生活中狀態的起伏，情緒的開關。甚至，我們會把別人的腦袋裝到自己的頭上，很少去領會自己生命的真正意義，只是接受著別人對自己的看法。

好的管理者，應該一邊觀察周遭的世界，一邊思考自身的經驗，忘掉理論，忘掉偏見，只是用自己的親自見證，去探索生命的意義。

這個世界的每一秒跟下一秒之間其實不是連續的，而是不斷的在重建，因為它會受到各種突如其來的因素的影響，所以你做了計畫不等就能控制整個過程，而是要把各種工作任務細化、動作細化、檢查細化，只有做到這樣的細化，才能切實回到當下，做到執行到位。這個過程中，每天都要進行頻繁的排查、頻繁的激勵，因為我們的生產過程是由一個又一個不同的瞬間構成的。這個過程就是要不停地去覺察。

回到當下的方法，關鍵是呼吸。呼吸是生命中可控又不可控的。深呼吸促進血液和淋巴循環，放鬆繃緊的神經，釋放與內在不一致的能量。

我理解專注呼吸本身不是目的，目的是練習把握對自己大腦的控制權。掌握了呼吸技巧，我發現它能很快地幫你的大腦騰空，進入一種平靜的狀態。當我察覺到情緒波動時候，當我需要用大塊的時間去發言闡述時，我都會運用腹式呼吸，先靜心，讓自己進入平靜。

為了探索腹式呼吸的本意。

從問題到解決，如果直接投放解決方案，大多數都是第一反應，這種第一反應，往往是平庸的。量領告訴我們，從問題到解決，要運用PASS通關模式。大多數問題都是負面的，先接受，運用空性觀，先把能量調整到勇氣層，再選擇合適時機往上調頻。

管理，首先要解決的是做到覺察，心中有數，而不是不知不覺。不要把管理搞得那麼深奧管理的基本功就是心中有數。管理管不好，往往並不是因為缺乏高招，而是因為連最基本的狀況都沒有搞清楚。

覺察當下。做管理，管生產，最忌諱的是懶。以為可以一勞永逸，以為做好了布置，生產準備就會落實。其實你一定要知道，前面一秒鐘後面一秒沒有任何的聯繫，每一個決策，可能都會收到場力等因素的影響。而我們要做的，就是時時的覺察。就像我們開車一樣，不斷的左調右調，每個瞬間都有管理的動作在裡面。

覺察需要頻次。管理上的覺知一定要保持頻率，而且還要講反覆。頻率是從數量上講，反覆從性質上講，所謂反覆，就是要對上一次結果進行回應，不是進行一次以後把他忘得乾乾淨淨，下一次從另一個地方抓起。為什麼需要頻次和反覆呢？因為我們的認知是不斷通過腦重塑建立起來的。抓反覆、反覆抓的過程，就是重塑你的大腦認知的一個過程，就是不斷的自我強化的過程。偶然的東西出現，次數多了就會得到強化，不斷的重複，就形成了一個模式。所以說，我們必須反覆。對於關鍵性的東西，我們必須保持反覆的檢查的次數，一千次夠不夠？這樣才能養成習慣。

萬物互聯。要做到你中有我，我中有你，想改變和控制對方，唯一的方法就是參與到對方的生命當中去，在對方的想法，感受萌生的同時，融入進去，將自己的過程和對方的過程綁在一起。也就是說，做管理最重要的並不是高高在上、發號施令，或者是一套定標準建制度來管下屬，而是要想方設法的參與到別人的工作的生命當中去。西方人講分，東方人講協同，這是差別所在。

身腦心靈告訴我，把事情想明白，不僅靠大腦，還需要靠身體的智慧。靠大腦，坐在辦公室裡，很多時候就是紙上談兵。用身體，走到現場去，用看的力量而不是想的力量，得到的往往是更真實的體驗。

能量層級穩定，讓我工作如魚得水

——林鳳，星巴克公關

工作和生活處於平衡的狀態的我，我在工作中的能量等級幾乎穩定在三一〇，這解釋了我歷經五大五百強公司都能如魚得水的原因。在工作不抱怨不放棄，永遠主動積極，在制度清明、價值觀正面的外資公司自然備受肯定。我的目標是能量等級三五〇的寬容，學會接納，才能在跨部門合作時，不因立場不同而紛擾；在處理對外事務時，才能不因政府和企業的「態度」而憤怒。

遇上態度惡劣的服務人員，我常常難抑憤怒。我發現底層動機是驕傲，習慣用五百強服務業的刻度比對。當我意識到驕傲時，能夠立刻上升到淡定。實修一個半月的時間裡，大約三次司機無法快速到達指定地點，姍姍來遲的約車，停滯不前的車流，逼近的約定時間，反思自己應該預留更充分的時間，安靜得祈禱，而非向司機洩憤，每次雖然遲到卻意外收穫約見者的善意和理解。

寂天菩薩說：「如果事情能夠得到解決，為什麼焦慮呢？如果事情不能得到解決，焦慮又有什麼用？」很早深以為然，領悟卻是現在。我曾經的生活畫卷，幾個濃墨重彩的目標，圍困在滿滿的焦慮之中。快樂只在目標實現時閃現，通往目標的路線充滿幸苦和焦慮。不再焦慮、放下完美主義，多線並行處理許多事情。老師說，我開始活在當下，當下沒有焦慮，焦慮只存在過去和未來。

感恩、PASS模式、光行、冥想、晚觀想和螺旋舞，用心力行，神奇開啟。這是需要用漫長歲月寫下去的記錄，是開始，不是結束。

這些實際案例，都是以量子領導力所創造的組織與管理，他們認識到組織最大的潛能來自於激發最小單位的最大動能。藉由領袖自身的信念與自我修練開始，強烈而清晰地展現企業的願景與使命，並確實貫徹核心價值觀。由於企業願景與使命都是基於人類、社會或大我的共同需求，並且確確實實之後施後幫助了第一批人，因此就能像石落湖心般，一圈圈地擴張，形成了同頻共振的效應。

而這樣的量子領袖，他們心中的「組織」是不像傳統企業般圍牆高築的，而是無邊無界的。社會上只要認同他們的願景、使命、價值觀（Vision, Mission, Value, VMV）的人都可以來參與組織，組織的設計形成了類似星系般的以VMV為中心的不同軌道組合。

因為是以VMV為組織凝聚的核心元素，領袖本身必須發自內心地深信如此的理念，並且以身作則地以此行事。因此領袖本身就是VMV的活榜樣，也致力於藉著不同的方式引導整個團隊形成同頻共振的效應。因而對於領袖的自我要求有更高的標準，特別是要求其信念的內在一致性（頭腦、心、情感）與內外一致性（獨處、團隊、公開場合），因為唯有如此，才能真正啟動由核心到團隊到外圍到社群整體的同頻共振效應。

因此量子組織的領袖幾乎都有一個共同的態度，那就是自我修練。相信事業與挑戰本身正是幫助自我修練最好的資源，因此工作場景與事業道路即是道場，也稱為：借事煉心。

這就是量子組織的領袖與傳統組織的「專業經理人」最根本的不同。

看到量子組織的成果、原則與對領導人的要求，我們深信這會給未來的管理界和領導界帶來莫大的衝擊。而現在看到的只是浪潮小小的開始。正如所有的創新剛引入社會之際，一開始會是小小的、緩慢的進展，需要等待人們逐步地去理解和消化；然後慢慢更多人建立信心、接受、學習、模仿、複製再創新的過程。但是當這個過程逐漸成熟到達臨界點時，將會創造一個指數性的、爆發式地成長。

所以當你在讀這本書時，取決於你有多大的勇氣及多大的心智空間，你會選擇何時投入這個管理學與領導學界一個大膽的先鋒實驗，以獲取在這一波量子領導力帶來的領先效益。

如果你準備好了，那麼下一章正是為你準備的，如何領導自己成為量子領袖！

終章

領導自己成為量子領袖

1 量子領袖需要具備的四大素質

根據本書所提到的基於量子物理所迎來的新宇宙觀、世界觀與生命觀，管理與領導將需要以新的典範來面對。新時代的人們具有更多的選擇，更重視自由與平等，進而追求個性化與自我價值實現的發展。因此新時代的領導人需要以新的典範來理解這個世界、這個時代，以及與他共事的團隊。這些量子時代高效的新領袖，需要具備下列四種素質。

具有這樣素質的領袖、才能夠在新時代中帶領的團隊具有高幸福感、高效能以及高槓桿的特色組織，我們稱為具有三高特質的量子組織。換句話說，我們稱這樣的領袖為量子領袖，因為他們具有新時代的思維範式，懂得運用提升自我的能量層級，以身作則，進而提升團隊整體的能量場，引領團隊朝向更美好的境地前進。

我們認為量子領袖需要具備這四個素質：

對於人人權利平等的尊重

基於相信人人都是相互連接的，每一個人追求成功的權利是平等的，量子領袖們懂得尊重每一個成員，尊重他們的選擇，他們的自由，更相信每個人都有無限發展的潛能，以及平等追求成功的權利。因為尊重每個人的權利與選擇，所以團隊成員都感受到一種自主的空間，樂於主動開創。

一〇〇%負責的勇氣

就發生的一切負百分之百責任。量子領袖瞭解我的世界一切是由我而來的，所以深信三個一〇〇%的空性觀，有勇氣去承擔生命中發生的一切。因為空性觀與因果法則是背靠背的並存，因此基於空性與承擔因果的勇氣，必定也會是自律的。因為知道由念頭出發可以影響到外面的世界，他需要以身作則，所以會是自律的人。

連天接地的全域觀

量子領袖因為瞭解意識能量驅動的世界觀，所以具有一種連天接地的全域觀。從宏觀的角度，他瞭解世界所有的一切是連接的，從微觀的角度，他瞭解到每一個人精微的意識都會產生一種波和能量，所以他會謹言慎行地去觀照每一個當下自己與團隊個人的狀態。這種全域觀既合乎天道的宏大又照顧落地時細微的需求，是連天接地的全域觀。

立己利人的生命觀

量子領袖理解他的正能量狀態，來自於由內而外真誠本源的利他精神，也就是愛，基於利他而感到快樂的能量。另外基於對生命能量層級的認識，他知道生命的最終極意義就是在於經由體驗，進而提升自己的生命能量層級。只有提升自己的生命能量層級，才能夠真正提升自己生命的品質與意義。因此在以利人之心行事的過程中，表面上是幫助別人，實際上也是成就他自己的生命價值。

所以對量子領袖而言，先提升自己的能量層級後，做所有利他事業就成為自然而然的呈現，同時實際上也就是在成就自己。所有的挑戰與事件都是用來修練自己的心性，以達到更高的層級，也就是「借事煉心」。

具有以上這四個素質的領袖，我們稱他為量子領袖。而這樣的量子領袖，自然就會具有崇高的理想並產生強大的吸引力，以高頻率高能量吸引一群人和他一起成就大家共同的理想事業。

2 利用「當下四力」領導自己

這本書從一開始就讓我們認識到，要成為領袖，就是引領一群人去到更美好的境地。而要發揮領導力的源頭，就先要能領導自己。為何說領導自己？當你開始觀照覺察自己之後，你就會發現在你腦中，身體中會有不同的聲音。有來自身體的資訊、有來自心的聲音，以及來自頭腦的思考。而這一些不同的聲音、不同的資訊，最後是誰？是哪一個聲音決定了你的看法、決策、行為，讓你成為你自己。

沒有觀照之前，你會以為你就是你，你只有一個聲音、一個思維、一個語言、一個行為；開始觀照後你就會看到「當下四力」，每個當下都會有代表這四種能量的聲音，最後是哪個聲音決定你自己的決策、語言與行為？這一切就需要你能夠瞭解自己，進而領導自己。

很多人常說自我管理，其實自我是很難管理的，但自我領導是較容易的。當你能看到「當下四力」後，你可以決定要遵循哪一個聲音，只要你願意，你就可以做到。

要聽從業力、場力的，那麼你就很容易隨波逐流、隨緣就事。如果你決定要聽從願力的，那麼你就用念力讓自己隨時清明，觀察著業力的作用而不為所動，你就很容易領導自己，形成自律。當我們開始領導自己之後，你就會發現你的生活、時間、言語和行為，都能夠逐步地、很自然地形成了自律的狀態，而不用特意、刻板、結構性的方法和機械性的計畫去管理你自己。因此我們說身為領導，就需要先從領導自己開始。

我們從生命的底層操作系統開始談起，讓我們重新認識宇宙基本元素的特性，建立正確的世界觀。讓我們瞭解到原來在物質的底層，實際上是一種波和粒子的兩種狀態，叫波粒二象性。而在波粒二象中，是意識的介入改變了物質的狀態。自量子物理學之後，我們看待這個世界就可以像《道德經》裡面所說的：有無相生。無，名天地之始；有，名萬物之母。故常無，欲以觀其妙；常有，欲以觀其徼。這般地看待這個世界的兩種不同特性，結構性與流動性的並存與融合。世界如此、生命界如此、事務界也是如此。

可是，就像我認識一些土豪，他的手機亮在桌上是最新 iPhoneX 土豪金的，而且每一次有最新的機型他就換。可是你問他有幾個APP常用，他卻說你問什麼？他手上的 iPhone 只是用來發微信和打電話。這種情況下，就算你擁有全世界功能最強大的手機，可是你只會拿來打電話和發微信，只是用了五％的功能。

我們很多人對自己的生命也有類似的情況。我們的生命擁有宇宙間最神奇的智能系統

——身體、大腦、心與靈，這四個智能系統層層疊加、環環相扣，充滿了神奇與無限的潛力。然而我們如果只知道經由頭腦思考指揮這個生命系統，而不瞭解頭腦的運作底層是由我們的心靈能量狀態在決定的、在驅動的，那就太可惜了。因此我們要開始領導自己，需要認識到生命能量的不同層級，以及如何調頻。

勇氣，是整個生命能量層級中最關鍵的一層。在勇氣之下，一味地外求以滿足自己，就會在一種像漩渦般向下螺旋的負能量狀態裡；在勇氣之上，懂得由內而外，就會形成像龍捲風般向上螺旋的正能量循環，龍捲風的中心內在是寧靜的，卻具有強大威力地席捲周圍的事物。因此身為領袖，領導自己的第一件事情，就是讓自己穩定保持在「勇氣二〇〇」之上。

3 運用「當下四力」建立領導力

願力

你一定要有清楚的願力，來構建你內在的領袖新形象——我到底想要成為什麼樣的領袖？在當下的領導力，有一個很重要的因素就是「真實」。「真實」的更深層說法是「內在一致性」。所以你選擇內在的領袖新形象，因為需要「真實」，所以要選擇適合你自己的。

那領袖是不是一定要和藹可親、和顏悅色的才是好的領袖？並不是的。有的領袖很霸道，有的很溫文儒雅卻都是好領袖。領袖可以有不同的風格，你要有屬於自己的風格。其次是領袖願景。身為領導人，你要帶領大家去一個什麼樣的地方？我們說領袖是帶領一群人去更好美好境地。那你要找出那美好的境地是什麼！

場力

場力是外在的力量，所以較容易布置。首先，要懂得享受和運用音樂，音樂會創造不同的頻率，頻率創造能量，不同的音樂有不同的頻率。大部分人往往會聽一些流行音樂，實際上，音樂是你調整能量狀態非常好的工具與資源。低能量的音樂容易讓你掉入負能量狀態，高能量的音樂同時也會帶給你更好的能量狀態。你可以把不同頻率與功能的音樂劃分到不同的歌單，在不同的情況用不同的音樂！音樂就像你靈魂的食物一樣。

其次就是你的空間，簡化整齊的空間布置，會讓空間的能量流動通暢，成為滋養的場力。反之，如果雜亂擁擠，則會妨礙你的能量狀態。

最後就是你的人際圈，你可以建立或參與領袖支援的資源。像本書的讀者們就可以聚集成為一個「量子領袖圈」相互學習、提醒、共修。就是我們很好的學習資源，大家在這個平台上一起是同學、同修，然後也可以有領導力的教練。

念力

就是我們要學修觀照。在觀照的過程中很重要的是三個原則：不分別、不取捨、不評判。全然地接受你看到的事情，即使你看到讓自己很噁心的事情或是很渴望的事，也維持三不原則。因為用這三個原則你可以看到實相。再噁心的東西，你也可以看到真正是什麼讓你覺得噁心，以及為什麼。一旦加了批評之後，就會看不到你所批評的東西了。

就像你帶小孩一樣，如果你罵他怎麼這麼愛花錢，慢慢地你會發現你看不見他花錢了，他會背著你花錢。所以「三不原則」是讓你看到全部的真實，它不是道德上的事情，它是很科學的方法。科學家都會有「三不原則」。為什麼科學家糾結了「量子糾纏」這麼久，就是因為他們解釋不通這個現象，就一直探索怎麼樣可以解釋得通。「三不原則」是幫你看清「實相」很重要的原則，不是道德要求。

所以，領袖在面對所有的場景時，即使有很大的挑戰，也會隨時保持覺察，不讓業力與場力帶走，並堅持朝向願力的方向前進。

業力

「聖人畏因，凡人畏果」。大部分人都很擔心員工犯錯導致公司虧損這樣的「果」。我們要公司賺錢，要業績上揚，我們要的東西都是「果」。每天心境都會跟著「果」上上下下。業績好了我們就開心，業績不好就不舒服；這就是我們「畏果」。

「聖人畏因」是因為他們知道因果的關係是很清楚的，所以把所有的焦點都放在「因」上，不放在「果」上。因為業力因果法則的運作是必然的，我只要把「因」的部分做好，果在時機條件成熟後就自然會呈現了。同時也知道我們曾經做過很多負面的事情，要清楚怎麼去清除這些壞的種子有一系列事情要做。但是至少我們明白要清除這些壞的種子，就要及時去種一些新的好種子，每個種子都是「因」。

領袖在業力面前首先會百分之百地接受已經發生的果，並警覺地種新的好因，運用業力來協助達成其願景。藉由當下四力的運作，就可以創造新的合力，讓這個合力朝向願景的方向，也讓人們很樂意主動來協助你完成想要完成的事情，這就自然創造了高效的領導力。

4 量子領袖的領導四原則

量子領袖基於以上討論的三觀與運用當下四力的方法，也用以下的四個原則來領導自己和團隊。

百分之百負責

透過空性觀我們瞭解到，我的世界百分之百是由我創造的，是由我投射的，因此我為這個百分之百的投射負責。事件本身不可控制，但是經由投射產生的感覺和判斷形成的反應，確是百分之百由我可控的，我為此負一〇〇%的責任。

當我們看到一件事情感到不滿意、排斥、討厭，憤怒並不是因為那件事本身就是應該被憤怒的，因為不是全世界的人都會憤怒，只是你看到後產生了憤怒的情緒。而你的憤怒情緒可能進一步形成了一個決定，形成了一套憤怒的語言，並進而形成憤怒的行為，因此這都需要你百分之百負責。

作為量子領袖這是第一步，這才確保了你的能量層級在勇氣之上。如果你無法理解、接受和體悟這個百分之百負責的人生態度，實際上你就很難成為領導人。

能量先行

我們既然已經知道了生命的運作，能量是驅動的底層，因此，我們做什麼樣的決策跟計畫，都應該先考慮能量先行。

在發揮影響力的過程中，內在能量的啟動為先。當內在能量已經啟動，外界可能還無法感受得到或甚至還有誤解，這正是考驗你的動機是否堅定純正的時刻。只要你的動機是清晰堅定的，你的語言與行為就會開始反應你的動機，與外界接觸時即能讓別人感受到。

這就會像丟下一顆石頭到水裡，開始產生逐步擴張的漣漪圈；如果持續地維持在同一個地方丟下石頭，就會產生一個個同心的漣漪圈，不斷地擴大。這個簡單的實驗反映著影響力發揮的過程。當你的動機念頭產生時能量已經啟動，同樣頻率的能量不斷地發出後，就會發出同心漣漪般一圈一圈的影響力。

就人際圈而言，你就會看到最同頻的人，最看好你、最信任你，他們也覺得你想要的動機很契合他的價值觀與方向，他們會成為你的核心團隊，與你一起工作，朝向共同理想的方向。他們會覺得幫助你實現夢想，也是實現他夢想的一部分，因此他們的工作態度與投入的程度，會遠遠高於一般領工資心態的職員。這種狀態的團隊所產生的威力是驚人的！所以能量先行，創造同心漣漪的團隊是量領重要的原則。

傳統的管理科學，特別強調可觀察、可衡量、可激勵，因此著重在量化管理、行為管理、KPI、結果導向，似乎組織中的人只是達成目標的工具和資源。這樣的做法似乎沒有重視到，一個人的行為是來自於他頭腦的思維，而思維來自於看法，看法來自底層的能量狀態，因此我們要從人們的底層能量狀態調起，才是根本之道。能量先行就是要做任何事之前，先調動自己的能量及團隊的能量狀態。能量從哪裡來？心靈能量層級來自於我們的意識層級，也就是我們底層的動機。

因此，我們在組織或團隊做事情前，就需要先把動機、初發心，與長遠的願景、使命連出一條線；以及在未來運作過程中所要遵循的價值觀，充分的溝通交流、形成共識。在這樣的條件下就會有堅強甚至於高頻的能量。而這個能量先行，也會確保在完成事業的過程中，整個團隊會有昂揚的士氣和較高的幸福感。

狀態領導

當有了長遠的願景使命和跟價值觀之後，我們每天還是會面臨很多事件的挑戰。而這些事件的發生，很容易把我們捲入情緒和負面能量的狀態，那時我們就會被當下四力中的業力引導，偏離了主軸或是無力前進，忘了讓願力來引導。

因此，若要確保我們能夠「不忘初衷，方得始終」，就需要那一條由初心與願景連接而成的線作為我們的主軸，這樣即使在場力與業力運作時，仍然有清楚的方向感，就像心中隨時都有一個指南針，或即使在夜晚行走，都有一顆北極星作為參考坐標隨時校準方向。

驅動生命最大的力量不是生存，而是意義。我們可以看到在戰時或平時都有很多人在冒險，在挑戰自己，登喜馬拉雅山脈、高空走索、小帆船跨海洋、挑戰世界第一等，即使知道有生命危險也在所不惜。

一位農民參與了在二〇一六年完成的上海中心大樓工程，大樓完工後他帶著來自故鄉的女友，一起仰頭看著這棟高達六百三十二公尺、一百一十八層的大樓說：「我沒有錢帶你上這棟樓，但這棟樓是我蓋的，上面刻著我的名字。聽說這棟樓上很有人情味地刻著數千名為這棟樓出力的農民工的名字。」當他知道他正在為上海歷史上的第一大樓貢獻，他的名字將被永久地刻在大樓樓上，內心的驕傲感油然而生，工作的態度自然不同；這正是人們內心的價值觀引領而生的力量。

當你認為某件事有意義時，同時就反映了你的價值觀，反映了你認為什麼事情是好的、有價值的、值得去做的，並且不惜放棄那些可能帶給你更多利益而你卻認為沒有價值的事。因為在從事你認為有價值，有意義的事時，你會感到滿足，會覺得生命在綻放光芒，甚至你會感到很有能量。因此在投入工作之際即有所受益，樂在其中。

另一方面，對於領導人而言，如果你只重視結果，不顧過程，更無視於參與者狀態，首先你無法得到參與者全心全力的投入，發揮其最大的潛力；更其次則會耗盡參與者的心力，無法創造向上螺旋的發展態勢；當資源耗盡時，事務就無法進一步地推進了。因此量子領導力特別強調要以價值引領，更要用狀態領導；關注並領導出參與者的最佳狀態，甚至優先於事件短期的進度。

所以狀態領導，除了確保正確的方向外，就是當下的能量狀態。從領導人自身的能量狀態開始，到團隊的能量狀態。領導人要關注員工的狀態，而不是認為只要交給我結果就好，不管中間的過程如何。如果團隊的狀態不好，想得到好的結果也會是枉然。即使懸賞著很高的激勵獎金，如果無法讓自己的狀態帶動整個團隊的最佳狀態，就很難達成目標。

反之，啟動狀態領導，不只是能夠創造高幸福感的團隊，因為他們都在高能量狀態下工作；並且在工作中所有高效能的要求，大多能夠被團隊接受。因為他們知道之所以要遵循這些要求，並不只是老闆的要求，而是為了共同達成大家內心充分認同的願景使命和價值觀。所以狀態領導是量子領袖一個很重要的領導課題。他會非常關心自己的能量狀態，與團隊互動時會敏感於整個團隊與組織的士氣。

所以士氣指標，是組織成功與否的領先指標。這個領先指標，也就是我們在談因與果時強調的「因」。只要你專注地把因做好，果自然會呈現。

同頻共振

一九八五年，在墨西哥大地震後，科學家發現只有六至十五層的大樓被震倒，低於六層和高於十五層的大樓都沒有被震倒。原來以為越高的樓震動的幅度應該越大，越容易倒；但事實上，被震倒的大樓並不是因為直接來自地震源的振動，而是因它們的自然頻率與地震源的頻率接近同頻，因此產生了「共振現象」。

這種共振效應產生了巨大的能量，不止把大樓震倒也震碎了。類似的實驗，我們在舞台上看到女高音的聲音可以震破高腳玻璃杯，這都是基於同頻共振的原理。在同頻共振中，高頻音源會啟動低頻物質的振動頻率逐漸提高，直到頻率相同時會產生巨大的共振能量，而把玻璃震碎。

正如高頻高能量的人，高頻就代表高能量，因為頻率與能量成正比，就能夠「吸引」低頻或同頻的人親近參與，進而啟動低頻的人提高頻率，當大家達到同頻之後，即能產生巨大的共振。而共振的力量是巨大的，遠大於個別力量的總和。這就是由「祕密」那個廣為人知的視頻與書，所提出的「吸引力法則」背後的科學原理。

因此，量子領袖知道之所以能創造世界巨大的改變，就是來自於同頻共振。而這個共振的地震源正是領袖自己的能量狀態，他的意識層級、底層動機、使命與願景。而他的領導跟管理的要點，就是在於建立同頻共振的機制。讓整個團隊在高能量的同頻狀態，並且有一些機制，能夠同步彼此的資訊，同步彼此的能量狀態，進而產生同頻共振的效應。

所以同頻共振是整個量子領袖能夠創造非凡成就的核心原理。學習領導力，要善用這個巨大而隱祕的力量，來自量子力學與心靈能量科學的啟示，也是來自東方智慧的指引。要發揮影響力，是由內心到外界、頻率相互匹配，產生同頻共振的運作程式，而不是直接去外求支持，乞求支持的做法。

前述就是量子領導力中的四個領導原則。依循這些原則，領導人就能從容淡定地藉由能量的作用，讓外界的資源朝向動機與願景的方向聚集，經由同頻共振的效應發揮巨大的力量！接下來我們將進一步探討在瞭解這些原則後，如何領導自己蛻變成為量子領袖。

5 領袖蛻變的三大階段

我們在知識上認識了量子領導力和量子領袖，也很嚮往這樣的領導境界，希望成為那樣的領袖，可以在生活與工作上影響周圍的人讓大家都更好，但是我如何能做到？這是我的學員經常要問的問題。真正的學習不能只停留在頭腦層面。從知道到理解必須是一種蛻變，像從毛毛蟲變成蛹，再蛻變到蝴蝶的歷程。生命蛻變的過程基本有三個階段。

理解（Knowing）

當你從知道這樣的新知識，並且思考過理解之後，頭腦層面接受時，就形成新的看法；而這個新的看法在你腦神經元中，形成了新鮮的迴路。就像每一個大學校園幾乎都會有一片草地，本來學校規劃的是一條彎曲的路。但人們總是喜歡走捷徑，走著走著就會在那片草地當中走出一條新路來。這條路第一次有一個人走，之後如果只有一兩個人走，過幾天草又長回來了。可是如果你每天走，很多人走，連續走三十天，那條路就形成了。後面的人一來就發現這條路好像是一條固定的路呢！

這就是從新鮮的神經元迴路，要變成一個穩定、固定的迴路的過程，需要密集重複的使用。所以當你學習到新的看法，就需要經常不斷的練習。有一天，你看到原來的場景，可是用的是新的看法，那就表示你真正理解了，因為你開始改變你的世界了。

作為（Doing）

也就是重複地刻意練習。當你有了新的看法，或是在鞏固新看法的過程中，你需要去做，用全身心去體驗。「做」的意思是說，當一個情景發生的時候，在過去的情況，這個場景發生你會有固定的反應模式，但是基於新的看法，新的知識更新的工具。你現在開始會有和原來不同的反應。同時也會觀察到對方，因為你不同的反應，而對方的反應也會有不同。當對方開始有不同的反應，當你得到對方的正向反饋時，你會覺察到這個新的方法是有效的。或是這個新的方法，有些時候有效，有些時候沒有效。

什麼時候有效呢？因為你完整地做到了。什麼時候沒有效呢？很可能是你應用的錯誤。當你還沒有完全做到位時，你需要不斷的重複練習，不斷調整，一直到你在應用這些新的工具時，環境裡的場景中大多數人的反應都更好後，你對新的看法新的工具就更有信心，決心也就更強了。

這個過程中，你不只是在腦中形成了新的迴路，而且在你身體所有每一個細胞，隨著你的體驗產生了新的記憶。尤其當這個新的體驗是讓你更加愉悅、舒服的高能量狀態時，你的細胞記憶就會強烈地呼喚你使用這個新的方法，你的新習慣就養成了。所以這個重複地刻意練習的過程，是從假裝是真的到逐漸增強信心與決心的漸變過程。而這個假裝，應該是底層動機是真的，是真心的、誠意的，只是行為上還無法完全配合上。如果動機是假的，也就是能量層級是低頻率的，那麼再多的練習恐怕也無效。

成為（Being）

經由刻意練習的過程，你很熟悉新的這個看法、新的工具、新的做法。並且在這新做法中的反應，讓你深信這是對的、是有效的，這時你就開始形成了全生命的蛻變。也就是說從你的看法開始，你的心裡堅定了信心，最後經由你身體的體驗，全生命的四個智能系統（身、腦、心、靈）都統一了。所以你從知道、做到、悟到一直到真正很自然的成為，不需要再刻意作為時，那才是真正的蛻變！

在量子領導力，我們不只是強調習慣成自然，因為習慣似乎只是固定的行為模式。我們談的是智慧，是基於觀照與空性為基礎的領導力，是在高能量狀態，是極為靈動、動態、靈活，而有創造性的一種狀態。所以不只是一種習慣的層次，而是一種更高境界的能量狀態，更有創造性的生命狀態。

這個時候你就真正的蛻變了，不可逆的蛻變了！蛻變到一種量子領袖的狀態。你在一種高能量狀態，隨時自我覺察，觀照著自己也觀照著對方以及整個場景。並且在你的願景引導下，每個當下念念清晰，朝著願景的方向穩定前進，並且在每個當下與周圍的人有良好健康又具有建設性的互動。

這時你就蛻變成功了，從一隻毛毛蟲蛻變成一隻蝴蝶。這時你的領導力就是一種自然的散發，一點都不費力的發光了。你會享受這種狀態，你周圍的人也會享受和你一起共事、交流的狀態。你可能腦中老早忘了什麼量子領袖的事，因為你已經是了，因為你就是了。

我自己就親身經歷了這個過程，從原來自卑又年輕氣盛，脾氣急躁又不安定的狀態，蛻變到一個穩定、慈祥、和藹，且保持樂觀積極的生命狀態。這種蛻變是不可逆的過程，這才是你真正生命素質，生命能量層級的提升。

6 領袖的追求：不斷覺察、正視、接受、解決

最後經由這一章的討論，如果你心中還有再一問，那麼生命的目的到底是什麼？特別是如果你還相信輪迴的話，生命既然死了還有可能再回來，這樣子不斷的輪迴到底是為了什麼？有很多人說是為了體驗，如果只是為了體驗，來過了為何還需要不斷地再輪迴呢？

我們從量子領導力中瞭解到生命不同的意識層級，形成了不同的能量層級，並且穿越了不同領域的生命狀態，從苦難羞愧的低能量狀態，到渴求物質與欲望滿足的欲望層級，到勇敢面對生命的勇氣層級，到因真愛而感到生命美好，進而到平和開悟的最高狀態時，我們終於明白了，生命的輪迴就在於我們還沒有開悟之前，需要不斷地藉由修練來提升生命的能量層級。

如何來提高？我們需要一些經歷、需要一些場景、需要一些課題和挑戰。藉由在這些挑戰中，觀照我們身心的反應，去覺察到原來我們還有這麼多內在的業力和負面的種子。藉由這些課題，來覺察、正視、接受、解決進而提升。

所以我們就能夠總結出來，每一趟的生命都會提供很多課題與體驗的機會，好讓我們能夠借事煉心，借題發揮。

最終的目的，就是希望能夠提升我們的生命能量層級。如果你剛剛來到這個世界時，平均能量層級是「欲望一二五」，在離開的時候，生命能量層級到了「愛五〇〇」，那麼你這一輩子就沒有白活了。

再根據霍金斯博士心靈能量的測量與推算發現，在地球上人類社會中，少數高能級的人能量，可以抵消大量低能級的人的能量總和。

一個能量層級三〇〇主動的人相當於九萬個能級低於二〇〇的人；一個能級四〇〇明智的人相當於四十萬個能級低於二〇〇的人；一個能級五〇〇愛的人相當於七十五萬個能級低於二〇〇的人；

一個能級六〇〇平和的人相當於一千萬個能級低於二〇〇的人；一個能級七〇〇開悟的人相當於七千萬個能級低於二〇〇的人。

神奇的是，只要地球上有一個意識能級達到一〇〇〇標度值的生命，他的正能量就足以消融全人類所有低於二〇〇的人全部的負能量，使地球人的整體平均能量層級超過二〇〇！

科學家的測試數據顯示，當今時代在地球上，僅有十二個人位於意識層級七〇〇這一能量層面。

十二個能級七〇〇的人，相當於一個「阿瓦塔」（Avatar，指道成肉身的神佛，如佛陀、耶穌、老子等能級在一〇〇〇的人）。

然而，在生活中，我們也可以經由對能量的比較，而發現雖難以理解卻很容易體驗到的事實。

一個愛的念頭與恐懼念頭間，在能量上的差距巨大到超乎人類想像力所能理解的地步。然而，我們可以從上面的分析看到，即使一整天裡只有一點點愛的念頭，也遠遠足夠抵消我們所有的負面念頭和能量。

所以，當你提升生命能量層級的時候，不只是成就了自己，讓自己的生命達到更高的狀態；更是照顧了這個世界，世界會因你更美好。

作為本書的結尾，希望這本書為你帶來一些啟示，也給了你一些方法，如果你因此樂於走上量子領袖的蛻變之路，那就是我最大的欣慰。預祝你享受這生命蛻變的過程，為自己創造更高能量層級的生命狀態，也讓你的心靈能量發揮同頻共振，讓這個世界因你而更美好。

讀後觀想

1. 找個安靜的半天，讓自己輕鬆地做個白日夢或是冥想，想想要是你所渴望的成就、財富、關係都擁有了之後，你最想做的是什麼呢？你最想要讓這個世界因你而更美好的事是什麼？你希望人們因為你的什麼貢獻而改善了他們的生命品質？你的願景是希望自己成為一個什麼樣的領袖呢？
2. 找幾個小夥伴，一起讀這本書，一起做每章的練習，然後打卡三十天。這樣你們的腦神經元就能形成新的迴路，身體細胞就會產生新的記憶。

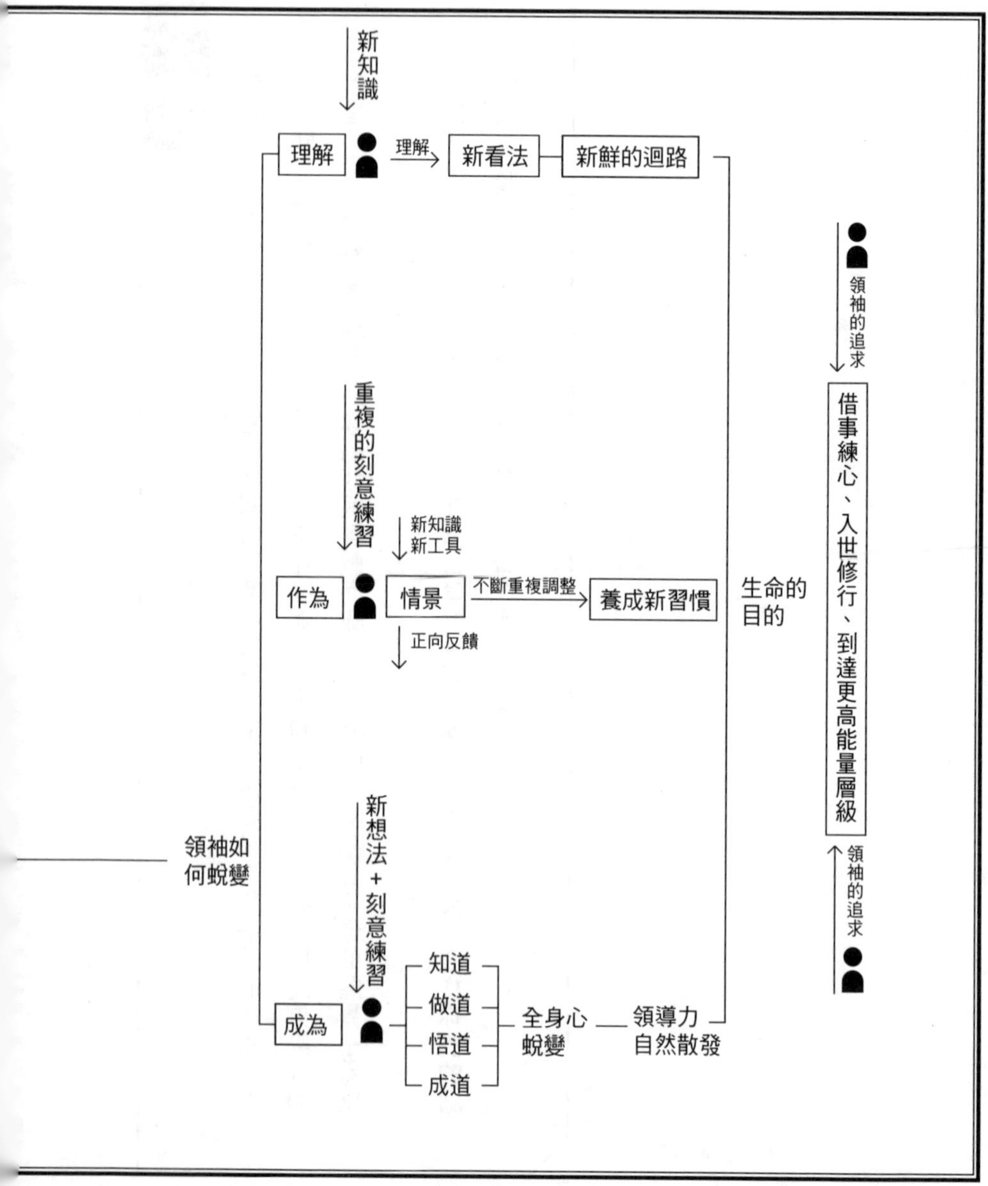
新知識
理解
理解
新看法
新鮮的迴路
重複的刻意練習
新知識
新工具
作為
情景
不斷重複調整
養成新習慣
正向反饋
生命的目的
新想法+刻意練習
知道
做道
悟道
成道
成為
全身心蛻變
領導力自然散發
領袖如何蛻變
領袖的追求
借事練心、入世修行、到達更高能量層級
領袖的追求

導讀思維構圖

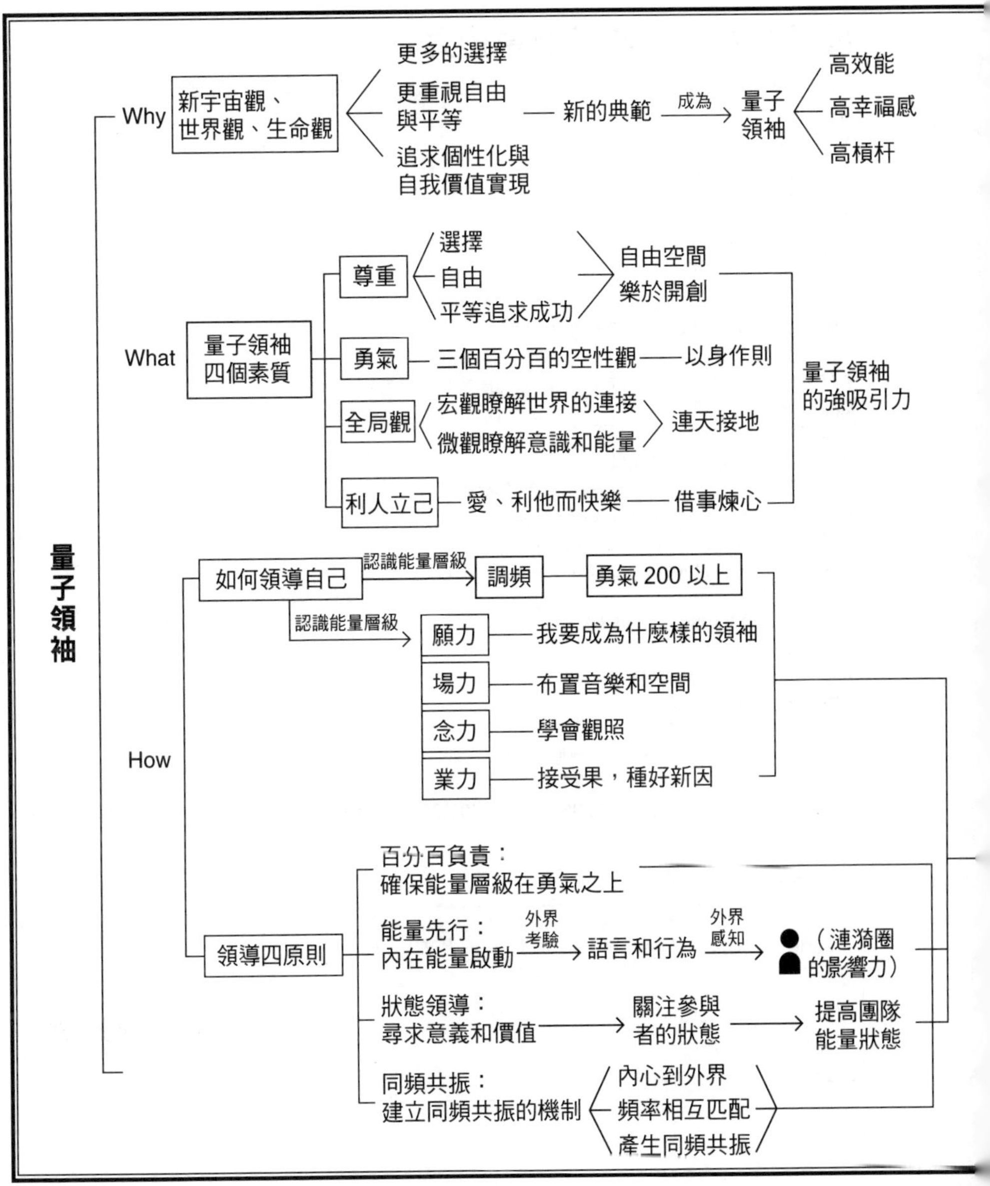
量子領袖
Why
新宇宙觀、世界觀、生命觀
更多的選擇
更重視自由與平等
追求個性化與自我價值實現
新的典範
成為
量子領袖
高效能
高幸福感
高槓杆
What
量子領袖四個素質
尊重
選擇
自由
平等追求成功
自由空間
樂於開創
勇氣
三個百分百的空性觀
以身作則
全局觀
宏觀瞭解世界的連接
微觀瞭解意識和能量
連天接地
利人立己
愛、利他而快樂
借事煉心
量子領袖的強吸引力
How
如何領導自己
認識能量層級
調頻
勇氣 200 以上
認識能量層級
願力
我要成為什麼樣的領袖
場力
布置音樂和空間
念力
學會觀照
業力
接受果，種好新因
領導四原則
百分百負責：確保能量層級在勇氣之上
能量先行：內在能量啟動
外界考驗
語言和行為
外界感知
（漣漪圈的影響力）
狀態領導：尋求意義和價值
關注參與者的狀態
提高團隊能量狀態
同頻共振：建立同頻共振的機制
內心到外界
頻率相互匹配
產生同頻共振

翻轉學 翻轉學系列 023

量子領導——非權威影響力

不動用權威便讓人自願跟隨，喚醒人才天賦，創造團隊奇蹟的祕密

作　　者　Max 洪銘賜
總 編 輯　何玉美
主　　編　林俊安
校　　對　許景理
封面設計　FE 工作室
內文排版　黃雅芬

出版發行　采實文化事業股份有限公司
行銷企劃　陳佩宜・黃于庭・馮羿勳・蔡雨庭・陳豫萱
業務發行　張世明・林踏欣・林坤蓉・王貞玉・張惠屏
國際版權　王俐雯・林冠妤
印務採購　曾玉霞
會計行政　王雅蕙・李韶婉
法律顧問　第一國際法律事務所　余淑杏律師
電子信箱　acme@acmebook.com.tw
采實官網　www.acmebook.com.tw
采實臉書　www.facebook.com/acmebook01

I S B N　978-986-507-053-3
定　　價　380 元
初版一刷　2019 年 11 月
初版十刷　2023 年 02 月
劃撥帳號　50148859
劃撥戶名　采實文化事業股份有限公司
104 台北市中山區南京東路二段 95 號 9 樓
電話：(02)2511-9798　傳真：(02)2571-3298

國家圖書館出版品預行編目資料

量子領導——非權威影響力：不動用權威便讓人自願跟隨，喚醒人才天賦，創造團隊奇蹟的祕密 / Max 洪銘賜著 – 台北市：采實文化，2019.11
392 面；14.8×21 公分 . --（翻轉學系列；23）

ISBN 978-986-507-053-3（平裝）

1. 領導者 2. 職場成功法

494.2　　108015695

采實出版集團
ACME PUBLISHING GROUP

翻轉學

翻轉學

翻轉學

翻轉學